高等职业教育项目课程改革规划教材

多媒体产品开发与应用项目教程

赵玉林　盛春明　编著

U0245332

机械工业出版社

本书主要通过完成三个实际的项目，让学生了解多媒体 ARM 处理器、Linux 实时操作系统的体系结构和工作原理，掌握嵌入式多媒体电子产品的软硬件设计、调试和测试的流程和方法。这三个项目分别是多媒体处理器最小系统的设计和调试、MP3/MP4 产品的设计和调试、数码电子相框的设计和调试。

本书的主要特点是在内容上充分体现了"以能力为本位，以职业实践为主线，以工作过程为导向"的项目化课程设计要求。通过基于日常生活中常见的几种多媒体终端电子产品的设计和调试的工作任务为导向的项目实施，将传统的"嵌入式系统设计与应用"课程相关的理论知识和操作技能融于其中，使学生在实际项目实施过程中掌握与嵌入式系统软硬件设计和调试相关的理论知识和必备的操作技能。

本书可作为高职高专院校电子信息类专业及相关专业的教材，也可作为相关工程技术人员项目开发的参考用书。

为方便教学，本书配有免费电子课件、思考与练习答案等，凡选用本书作为授课教材的学校，均可通过来电（010-88379564）或电子邮件（cmpqu@163. com）索取。有任何技术问题也可通过以上方式联系。

图书在版编目（CIP）数据

多媒体产品开发与应用项目教程/赵玉林，盛春明编著 . 一北京：机械工业出版社，2013.5
高等职业教育项目课程改革规划教材
ISBN 978-7-111-42005-7

Ⅰ.①多… Ⅱ.①赵… ②盛… Ⅲ.①多媒体技术 – 电子产品 – 产品开发 – 教材 Ⅳ.①TN60

中国版本图书馆 CIP 数据核字（2013）第 063860 号

机械工业出版社（北京市百万庄大街 22 号 邮政编码 100037）
策划编辑：曲世海 责任编辑：曲世海 韩 静
版式设计：霍永明 责任校对：张 薇
封面设计：鞠 杨 责任印制：乔 宇
北京铭成印刷有限公司印刷
2013 年 6 月第 1 版第 1 次印刷
184mm × 260mm · 13.25 印张 · 328 千字
0001—3000 册
标准书号：ISBN 978-7-111-42005-7
定价：26.00 元

高等职业教育项目课程改革规划教材编审

委 员 会

序

中国的职业教育正在经历课程改革的重要阶段。传统的学科型课程被彻底解构，以岗位实际工作能力的培养为导向的课程正在逐步建构起来。在这一转型过程中，出现了两种看似很接近，人们也并不注意区分，而实际上却存在重大理论基础差别的课程模式，即任务驱动型课程和项目化课程。二者的表面很接近，是因为它们都强调以岗位实际工作内容为课程内容。国际上已就如何获得岗位实际工作内容取得了完全相同的基本认识，那就是以任务分析为方法。这可能是二者最为接近之处，也是人们容易混淆二者关系的关键所在。

然而极少有人意识到，岗位上实际存在两种任务，即概括的任务和具体的任务。例如，对商务专业而言，联系客户是概括的任务，而联系某个特定业务的特定客户则是具体的任务。工业类专业同样存在这一明显区分，如汽车专业判断发动机故障是概括的任务，而判断一辆特定汽车的发动机故障则是具体的任务。当然，许多有见识的课程专家还是敏锐地觉察到了这一区别，如我国的姜大源教授，他使用了写意的任务和写实的任务这两个概念。美国也有课程专家意识到了这一区别并为之困惑。他们提出的问题是：我们强调教给学生任务，可现实中的任务是非常具体的，我们该教给学生哪件任务呢？显然我们是没有时间教给他们所有具体任务的。

意识到存在这两种类型的任务是职业教育课程研究的巨大进步，而对这一问题的有效处理，将大大推进以岗位实际工作能力的培养为导向的课程模式在职业院校的实施，项目课程就是为解决这一矛盾而产生的课程理论。姜大源教授主张在课程设计中区分两个概念，即课程内容和教学载体。课程内容即要教给学生的知识、技能和态度，它们是形成职业能力的条件(不是职业能力本身)，课程内容的获得要以概括的任务为分析对象。教学载体即学习课程内容的具体依托，它要解决的问题是如何在具体活动中实现知识、技能和态度向职业能力的转化，它的获得要以具体的任务为分析对象。实现课程内容和教学载体的有机统一，就是项目课程设计的关键环节。

这套教材设计的理论基础就是项目课程。教材是课程的重要构成要素。作为一门完整的课程，我们需要课程标准、授课方案、教学资源和评价方案等，但教材是其中非常重要的构成要素，它是连接课程理念与教学行为的重要桥梁，是综合体现各种课程要素的教学工具。一本好的教材既要能体现课程标准，又要能为寻找所需教学资源提供清晰索引，还要能有效地引导学生对教材进行学习和评价。可见，教材开发是一项非常复杂的工程，对项目课程的教材开发来说更是如此，因为它没有成熟的模式可循，即使在国外我们也几乎找不到成熟的项目课程教材。然而，除这些困难外，项目教材的开发还担负着一项艰巨的任务，那就是如何实现教材内容的突破，如何把现实中非常实用的工作知识有机地组织到教材中去。

这套教材在以上这些方面都进行了谨慎而又积极的尝试，其开发经历了一个较长过程(约 4 年时间)。首先,教材开发者们组织企业的专家,以专业为单位对相应职业岗位上的工作任务与职业能力进行了细致而有逻辑性的分析,并以此为基础重新进行了课程设置,撰写了专业教学标准,以使课程结构与工作结构更好地吻合,最大限度地实现职业能力的培养。其次,教材开发者们以每门课程为单位,进行了课程标准与教学方案的开发,在这一环节中尤其突出了教学载体的选择和课程内容的重构。教学载体的选择要求具有典型性,符合课程目标要求,并体现该门课程的学习逻辑。课程内容则要求真正描绘出实施项目所需要的专业知识,尤其是现实中的工作知识。在取得以上课程开发基础研究的完整成果后,教材开发者们才着手进行了这套教材的编写。

经过模式定型、初稿、试用和定稿等一系列复杂阶段,这套教材终于得以诞生。它的诞生是目前我国项目课程改革中的重要事件。因为它很好地体现了项目课程思想,无论在结构还是内容方面都达到了高质量教材的要求;它所覆盖专业之广,涉及课程之多,在以往类似教材中少见,其系统性将极大地方便教师对项目课程的实施;对其开发遵循了以课程研究为先导的教材开发范式。对一个国家而言,一个专业、一门课程,其教材建设水平其实体现的是课程研究水平,而最终又要直接影响其教育和教学水平。

当然,这套教材也不是十全十美的,我想教材开发者们也会认同这一点。来美国之前我就抱有一个强烈愿望,希望看看美国的职业教育教材是什么样子。因此每到学校考察必首先关注其教材,然而往往也是失望而回。在美国确实有许多优秀教材,尤其是普通教育的教材,设计得非常严密,其考虑之精细令人赞叹,但职业教育教材却往往只是一些参考书。美国教授对传统职业教育教材也多有批评,有教授认为这种教材只是信息的堆砌,而非真正的教材。真正的教材应体现教与学的过程。如此看来,职业教育教材建设是全球所面临的共同任务。这套教材的开发者们一定会继续为圆满完成这一任务而努力,因此他们也一定会欢迎老师和同学对教材的不足之处不吝赐教。

徐国庆

2010 年 9 月 25 日于美国俄亥俄州立大学

前　言

本书是作者在总结多年工作经验和教学工作实践的基础上结合教学改革与实践的成果编写而成的，体现了"以能力为本位，以职业实践为主线，以工作过程为导向"的项目化课程设计要求。

项目课程"多媒体产品开发与应用"是电子或信息类专业的一门重要的专业课程，具有很强的理论性和实践性。通过本课程的学习，使学生了解多媒体 ARM 处理器、Linux 实时操作系统的体系结构和工作原理，掌握嵌入式多媒体电子产品的软硬件调试及测试流程和方法。另外，在项目实施过程中可培养学生的综合职业能力，有助于满足学生职业生涯发展的需要。

本书主要通过三个具体的项目进行介绍，并结合一款典型的多媒体处理芯片GM8180 的设计应用来描述多媒体产品开发和调试的软硬件设计相关技术。项目 1 是"多媒体处理器最小系统的设计和调试"，通过此项目，可以让学生理解多媒体处理器的体系结构和工作原理，掌握高速电路的设计技巧，学会搭建嵌入式 Linux 软件系统交叉开发环境。项目 2 是"MP3/MP4 产品的设计和调试"，通过此项目，可以让学生了解MP3/MP4 产品的工作原理，理解数字音、视频接口和音、视频压缩算法的工作原理，掌握 MP3/MP4 硬件电路测试和调试的方法和技巧，会编写和调试 MP3/MP4 应用程序以及 Linux 内核程序。项目 3 是"数码电子相框的设计和调试"，通过此项目，可以让学生了解数码电子相框产品的工作原理，理解数码电子产品中 USB 接口和 SD 卡接口的工作原理，掌握数码电子相框产品硬件电路测试和调试的方法和技巧，会编写和调试数码电子相框产品的应用程序、测试程序以及 Linux 驱动程序。

为了便于读者学习和对照，本书电路图中采用的符号均与作图软件中的符号一致，未按国家标准予以修改。此外，图中电容的单位"uF"应为"μF"，表示微法；电感的单位"uH"应为"μH"，表示微亨。

本书打破了传统的学科体系、充分体现了项目课程的特点，以项目为载体，提供真实的职业场景。通过对本书的学习，能够使学生了解到完成项目所需的基本过程与程序，学习到项目所包含的知识、技能与态度，找到完成项目所需的方法和条件，并找到获取更多知识与技能的途径。

本书在编写过程中得到了我校其他老师的大力支持和帮助，在此表示感谢。

由于编者水平有限，书中难免存在不妥和错误之处，请广大读者批评指正。

编　者

目　录

项目1 多媒体处理器最小系统的设计和调试

所谓多媒体处理器，是指内嵌多媒体业务处理模块的嵌入式 CPU。这些多媒体业务主要包括音频、视频和数据处理业务。多媒体处理器作为嵌入式处理器的一个重要分支在日常生活中已得到广泛应用，它既可以应用于消费类电子产品，如 MP3/MP4、数字 DV 等，也可以应用于安防电子领域，如数字监控系统和数字录像机等。多媒体处理器最小系统作为核心模块对于实现多媒体电子产品的功能和性能起着至关重要的作用，它是多媒体电子产品设计和实现过程中的关键。通过设计和调试多媒体处理器最小系统，我们可以逐步了解多媒体处理器的内部体系结构和使用方法。在下面的项目实施中我们还将逐步了解和掌握多媒体处理器电子产品的软硬件设计技巧。

项目目标和要求

☆ 能理解多媒体处理器的体系结构和工作原理。
☆ 能理解多媒体处理器最小系统的硬件工作原理和软件处理流程。
☆ 会编写多媒体处理器最小系统的硬件详细设计方案。
☆ 会调试和测试多媒体处理器最小系统硬件电路。
☆ 会搭建多媒体处理器软件系统交叉开发环境。
☆ 能理解嵌入式电子产品设计和测试的流程和规范。

项目工作任务

☆ 撰写多媒体处理器最小系统设计方案。
☆ 分析多媒体处理器最小系统硬件电路工作原理。
☆ 调试多媒体处理器最小系统硬件电路。
☆ 烧写单板 BOOT 文件。
☆ 建立 PC 和多媒体处理器最小系统间通信链路。
☆ 搭建多媒体处理器最小系统软件交叉开发环境。
☆ 修改 BOOT 软件启动菜单界面。
☆ 修改 PC 和最小系统间通信串口波特率。
☆ 修改 PC 和最小系统以太网通信接口参数。

项目任务书

本项目主要分为三个任务来完成。任务 1 是撰写设计方案，任务 2 是制作和调试最小系统硬件电路，任务 3 是建立软件开发环境。项目 1 的项目任务书见表 1-1。

表 1-1　项目 1 的项目任务书

工　作　任　务	任务实施流程
任务 1　撰写设计方案	任务 1-1　接受项目任务
	任务 1-2　资料收集
	任务 1-3　多媒体处理器最小系统实例硬件工作原理分析
	任务 1-4　撰写设计方案文档
任务 2　制作和调试最小系统硬件电路	任务 2-1　接受工作任务
	任务 2-2　PCB 文件的识读和单板 PCBA 检查
	任务 2-3　最小系统硬件电路的测试和调试
	任务 2-4　BOOT 文件的烧写
	任务 2-5　PC 和最小系统间通信链路的建立
任务 3　建立软件开发环境	任务 3-1　接受工作任务
	任务 3-2　搭建嵌入式系统软件交叉开发环境
	任务 3-3　BOOT 软件启动菜单界面的修改
	任务 3-4　PC 和最小系统间通信串口波特率的修改
	任务 3-5　PC 和最小系统间以太网通信接口参数的修改

多媒体处理器最小系统的硬件单元电路主要包括多媒体处理器（CPU）、Flash、DRAM、UART 转换器、以太网通信接口电路以及其他接口电路和接插件等。在软件上主要包括启动 BIOS、串口和网口的驱动程序、实时操作系统和简单的应用程序等。项目实施的最终目的是要调试成功一个稳定的多媒体处理器最小系统的软硬件开发系统，在此系统上用户可以方便地通过增加不同的硬件接口电路和应用程序来实现各种不同的实际应用产品。本项目通过多媒体处理器最小系统的调试和测试，介绍嵌入式电子产品的最小系统基本的软硬件设计和调测方法。

任务 1　撰写设计方案

学习目标

☆ 能理解多媒体处理器的体系结构和工作原理。
☆ 能理解高速 DRAM 和大容量 Flash 的工作原理。
☆ 能理解 RS-232 串口和以太网络接口的工作原理。
☆ 能理解 DC/DC 电源模块的工作原理。
☆ 会收集嵌入式硬件电路设计相关资料。
☆ 会撰写多媒体处理器最小系统设计方案。

工作任务

☆ 收集多媒体处理器最小系统相关芯片的设计资料。

☆ 分析多媒体处理器最小系统硬件电路工作原理。

☆ 撰写多媒体处理器最小系统设计方案。

任务1-1 接受项目任务

本项目主要是设计和调试一款多媒体处理器最小系统，主要包括多媒体处理器(CPU)、Flash、DRAM、UART 转换器、以太网通信接口电路（即 RJ45 和 PHY）以及其他接口电路和接插件等。多媒体处理器最小系统功能框图如图 1-1 所示。

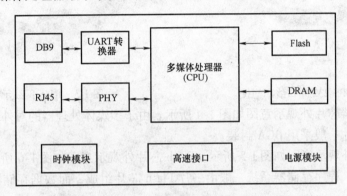

图 1-1 多媒体处理器最小系统功能框图

多媒体处理器内部主要是由 ARM + DSP 组成的，ARM 处理器内核用于实现控制 CPU 的功能，DSP 内核用于完成音频和视频数据信号的压缩和解压缩的功能。多媒体处理器还提供其他的一些功能处理模块，如 DRAM 控制器、Flash 控制器、各种不同接口协议处理器功能模块等。

Flash 主要是实现大容量程序存储器的功能，主要用来保存系统中的程序和其他一些系统掉电后还需要继续使用的信息，如系统参数配置信息等。

DRAM 主要是实现大容量数据存储器的功能，主要用来保存系统软件运行过程中的数据和变量，以及用来缓存数字音频、数字视频和临时协议转换数据等。

UART 转换器用来实现处理器的异步串行通信协议数据的 TTL 电平和 RS-232 电平转换的功能。单板通过 RS-232 串口与 PC 之间进行通信，实现 PC 通过命令行方式来控制和调试单板软件的运行。

PHY 模块是用来实现处理器的以太网络二层数据和物理层数据之间的协议转换。单板通过以太网接口与 PC 之间进行通信和传送数据信息。

时钟模块提供单板工作时所需的各种时钟信号，电源模块提供单板工作时所需的不同工作电压。高速接口用于扩展处理器对外的访问接口，包括控制接口、通信接口、存储接口和音视频业务处理接口等。

 **看一看**

RS-232 串口线用于连接单板的 DB9 接口和 PC 的 DB9 接口，PC 通过此串口以命令行方

式来控制、监控和调试单板软件的运行。RS-232 串口线示意图如图 1-2 所示。

　　RJ45 网线用于连接单板的 RJ45 网络接口和 PC 的 RJ45 网络接口，PC 通过此以太网接口实现单板的网络下载和调试以及实现数据业务的处理（如访问 Internet 网站等）。RJ45 网线示意图如图 1-3 所示。

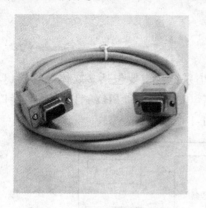

图 1-2　RS-232 串口线示意图　　　　　　　　　图 1-3　RJ45 网线示意图

　　多媒体处理器芯片外观示意图如图 1-4 所示。由于多媒体处理器的对外引脚很多，所以多媒体处理器芯片一般采用 BGA 封装。

　　DRAM 芯片外观示意图如图 1-5 所示。Flash 芯片外观示意图如图 1-6 所示。在一个多媒体处理器系统中，程序存储器系统一般由一片 Flash 芯片组成，而数据存储器系统则由多片 DRAM 芯片组成。

图 1-4　多媒体处理器　　　　图 1-5　DRAM 芯片外观示意图　　　　图 1-6　Flash 芯片外观示意图
　　　　芯片外观示意图

　　以太网 PHY 芯片外观示意图如图 1-7 所示。UART 转换芯片外观示意图如图 1-8 所示。

图 1-7　以太网 PHY 芯片外观示意图　　　　　　图 1-8　UART 转换芯片外观示意图

想一想

1. 在多媒体处理器最小系统中,程序存储器一般是由_____组成。
2. 在多媒体处理器最小系统中,数据存储器一般是由_____组成。
3. 在多媒体处理器最小系统中,UART 串口主要是用来_____,以太网接口主要是用来_____。

任务1-2 资料收集

嵌入式系统硬件电路通常是由多块复杂的芯片通过不同的接口来连接成一个完整的电子系统。因此在进行系统设计之前,一定要仔细理解和分析不同芯片的功能、性能、电气特性和应用方法,然后再选择合适的芯片进行组合。多媒体处理器最小系统作为一个典型的嵌入式系统,也遵循这样的设计方法。因此,充分收集各个单元模块的芯片设计资料,是保证系统设计正确的前提。

在进行系统硬件设计时,需要参考的芯片资料主要是芯片的数据手册(Datasheet);在进行系统软件设计时,一般是参考芯片的用户手册(User Manual)。这些芯片设计资料的获取途径很多,可以直接在该芯片公司的网站上下载芯片的设计资料,也可以在一些通用网站上下载这些芯片的设计资料,比如 www.21ic.com 和 www.alldatasheet.com 等。www.21ic.com 网站搜索芯片资料页面示意图如图1-9所示。

图1-9 www.21ic.com 网站搜索芯片资料页面示意图

 做一做

请收集如下芯片(GM8180、HY5DU121622、S29GL128、TPS54383、EM6323、MAX3232、DM9161)的完整的设计资料,并对其加以理解和分析。

任务1-3 多媒体处理器最小系统实例硬件工作原理分析

在设计多媒体电子产品的时候,选择合适的多媒体处理器是非常重要的准备工作。多媒体处理器芯片的型号确定后,它的外围电路也就基本确定了。因此,选择多媒体处理器芯片不仅要看它的功能、性能、硬件设计的复杂程度等纯技术层面的一些因素，还要考虑成本、技术的可获得性、技术支持能力、芯片的平滑升级过渡能力等一些辅助因素。只有这样，才能高效地设计一款合适的多媒体电子产品。

在本项目中，多媒体处理器最小系统以目前市面上流行的 GM8180 芯片为主处理器芯片，其他的外围电路模块也都采用常见的芯片来实现。读者只要掌握了该最小系统的设计方法，就基本能举一反三，设计其他多媒体处理器最小系统了。

基于 GM8180 的多媒体处理器最小系统功能框图如图 1-10 所示。在后面的章节中将逐一对该系统中的各个电路模块的工作原理进行详细说明。

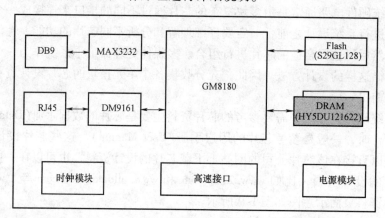

图 1-10　基于 GM8180 的多媒体处理器最小系统功能框图

1. GM8180 的内部结构和工作原理

 读一读

GM8180 是一款典型的多媒体处理器芯片。它内部除了包含一个通用的 ARM 处理器核（FA626，兼容 ARM926）以外，同时还包括支持 H.264/MPEG-4/JPEG 格式的编解码功能模块。GM8180 的内部功能模块图如图 1-11 所示。

GM8180 的功能特征如下：

（1）架构　通过 AMBA-AHB 总线连接内部高速业务处理模块，通过 AMBA-APB 总线连接内部低速业务处理模块。

（2）CPU 内核的特性　采用法拉第公司的 FA626 内核实现，兼容 ARM 核的 32 位 RISC 处理器，最高工作频率为 450MHz，内含 32KB 的指令 CACHE 和 32KB 的数据 CACHE。

（3）存储器接口　支持 16bit 或 32bit 的 DDR-300 的 SDRAM 访问接口，支持 SRAM/ROM/Flash 的异步访问接口。

（4）内部高速业务处理模块　提供一个 DDR SDRAM 访问控制器、一个静态 Memory 访问控制器、一个 DMA 控制器、一个 USB2.0 OTG 控制器、两个数字视频采集接口、一个 LCD 控制、H.264 的编解码模块、MPGE-4/JPEG 的编解码模块、一个以太网 MAC 层处理模块、一个 PCI 控制器处理模块、一个 IDE 控制器处理模块。

（5）内部低速业务处理模块　提供定时器、实时时钟和中断控制器处理模块，GPIO 处理模块，I^2C 控制器模块，SPI/I^2S 控制器接口模块，AC97/I^2S 控制器接口模块，5 个 UART 控制器接口模块。

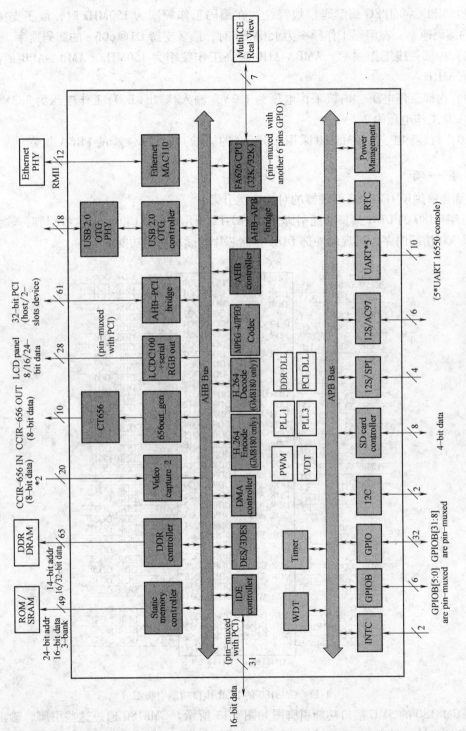

图 1-11　GM8180 的内部功能模块图

（6）H. 264 编解码模块特性　在编码工作频率为 165MHz 时，最多支持 D1@90fps 的编码速率；在解码工作频率为 110MHz 时，最多支持 D1@60fps 的解码速率。

（7）MPEG-4/JPEG 编解码模块特性　在编码工作频率为 150MHz 时，最多支持 D1@60fps 的编码速率；在解码工作频率为 150MHz 时，最多支持 D1@60fps 的解码速率。

（8）内部总线工作频率　AMBA-AHB 最高工作频率为 150MHz，AMBA-APB 最高工作频率为 75MHz。

（9）内部工作电压　内核工作电压为 1.2V，输入/输出（I/O）工作电压为 3.3V，DDR DRAM I/O 工作电压为 2.5V。

（10）封装和工艺　GM8180 采用 0.13μm 的加工工艺和 484 脚的 PBGA 封装。

 **看一看**

下面逐一说明 GM8180 处理器的对外功能引脚。

1）GM8180 的 DDR 接口功能引脚图如图 1-12 所示。GM8180 通过这些引脚，输出标准的 DDR-300 访问时序，实现对外部 DDR 存储芯片的读写访问功能。

引脚	编号	信号名 (U1A DDR DRAM)	信号名	编号	信号名
1.25V_DDR	R2	DDR_VREF1	DDR_DQ0	AA11	DDR_DQ0
1.25V_DDR	AA7	DDR_VREF2	DDR_DQ1	Y10	DDR_DQ1
			DDR_DQ2	AA10	DDR_DQ2
DDR_CLKP	W1	DDR_CLK	DDR_DQ3	W10	DDR_DQ3
DDR_CLKN	Y1	DDR_CLKn	DDR_DQ4	V10	DDR_DQ4
			DDR_DQ5	AB9	DDR_DQ5
DDR_CKE	U1	DDR_CKE	DDR_DQ6	W9	DDR_DQ6
			DDR_DQ7	Y9	DDR_DQ7
			DDR_DQ8	AA9	DDR_DQ8
			DDR_DQ9	AB8	DDR_DQ9
DDR_A0	L1	DDR_A0	DDR_DQ10	AA8	DDR_DQ10
DDR_A1	L4	DDR_A1	DDR_DQ11	W8	DDR_DQ11
DDR_A2	L5	DDR_A2	DDR_DQ12	Y8	DDR_DQ12
DDR_A3	M2	DDR_A3	DDR_DQ13	Y7	DDR_DQ13
DDR_A4	M1	DDR_A4	DDR_DQ14	AB7	DDR_DQ14
DDR_A5	M3	DDR_A5	DDR_DQ15	W6	DDR_DQ15
DDR_A6	M4	DDR_A6	DDR_DQ16	W7	DDR_DQ16
DDR_A7	N1	DDR_A7	DDR_DQ17	Y6	DDR_DQ17
DDR_A8	N2	DDR_A8	DDR_DQ18	AA6	DDR_DQ18
DDR_A9	P1	DDR_A9	DDR_DQ19	AB6	DDR_DQ19
DDR_A10	N3	DDR_A10	DDR_DQ20	AB5	DDR_DQ20
DDR_A11	N4	DDR_A11	DDR_DQ21	AA5	DDR_DQ21
DDR_A12	N5	DDR_A12	DDR_DQ22	AB4	DDR_DQ22
	P2	DDR_A13	DDR_DQ23	AB3	DDR_DQ23
			DDR_DQ24	AA4	DDR_DQ24
DDR_BA0	R1	DDR_BA0	DDR_DQ25	Y5	DDR_DQ25
DDR_BA1	M5	DDR_BA1	DDR_DQ26	W3	DDR_DQ26
			DDR_DQ27	V3	DDR_DQ27
DDR_CS	P3	DDR_CSn	DDR_DQ28	W2	DDR_DQ28
DDR_RAS	T1	DDR_RASn	DDR_DQ29	Y2	DDR_DQ29
DDR_CAS	R3	DDR_CASn	DDR_DQ30	AA1	DDR_DQ30
DDR_WE	T2	DDR_WEn	DDR_DQ31	U3	DDR_DQ31
DDR_DQM0	V2	DDR_DQM0	DDR_DQS0	AA2	DDR_DQS0
DDR_DQM1	U2	DDR_DQM1	DDR_DQS1	AB1	DDR_DQS1
DDR_DQM2	T3	DDR_DQM2	DDR_DQS2	AA3	DDR_DQS2
DDR_DQM3	V1	DDR_DQM3	DDR_DQS3	AB2	DDR_DQS3

GM8180_PBGA484_2

图 1-12　GM8180 的 DDR 接口功能引脚图

2）GM8180 的 SMC 接口功能引脚图如图 1-13 所示。GM8180 通过这些引脚，输出异步存储设备访问接口时序（SMC 时序），实现对外部 SRAM/ROM/Flash 或其他低速存储芯片的读写访问功能。

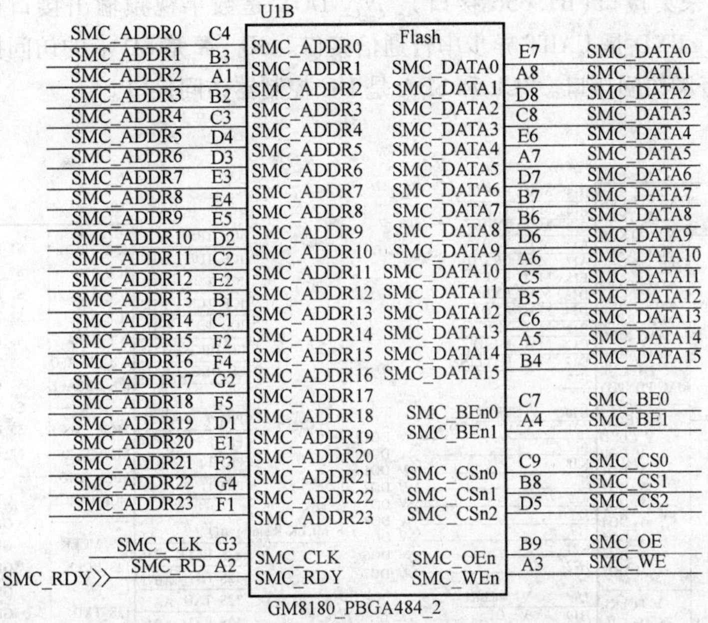

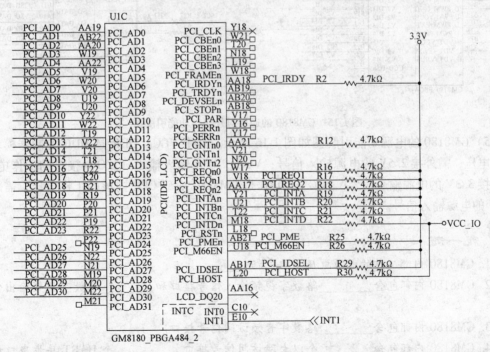

图 1-13 GM8180 的 SMC 接口功能引脚图

3）GM8180 的 PCI 接口功能引脚图如图 1-14 所示。GM8180 通过这些引脚，输出标准的 PCI 设备访问接口时序，实现对外部 PCI 主从设备的读写访问功能。

图 1-14 GM8180 的 PCI 接口功能引脚图

4）GM8180 的通用对外接口功能引脚图如图 1-15 所示。其中 MAC _ X 是 GM8180 对外提供的以太网 MAC 协议处理器接口，采用的是标准的以太网 RMII 接口。V1 _ DIX 和 V2 _

DIX 是数字视频采集接口（BT. 656 接口）。V _ DOX 是数字视频输出接口（BT. 656 接口）。SX _ TXD 和 SX _ RXD 是 UART 异步串行通信接口。SD _ X 是 SD 卡的访问接口。I2S _ X 和 SPI _ X 是数字音频访问接口。SCL 和 SDA 是 I^{2}C 控制器访问接口。

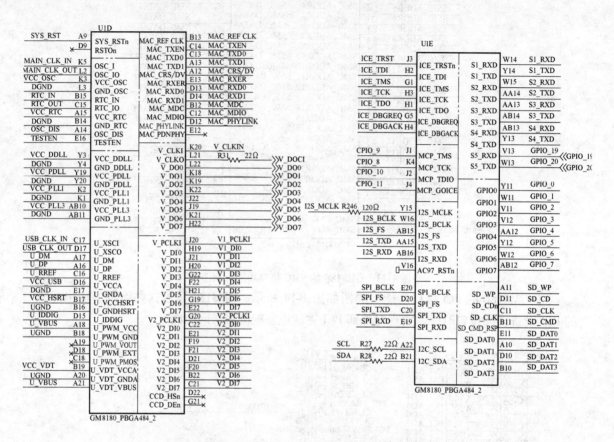

图 1-15　GM8180 的通用对外接口功能引脚图

5）GM8180 的电源功能引脚图如图 1-16 所示。其中 VCC _ DDR 是 DDR 控制器模块的工作电压，需外接 2.5V 的电源输入信号；VCC _ IO 是输入输出（I/O）接口的工作电压，需外接 3.3V 的电源输入信号；VCC _ CORE 是 GM8180 内部 CPU 内核的工作电压，需外接 1.2V 的电源输入信号。

 想一想

1. GM8180 内部工作的电源电压主要包括＿＿＿＿＿＿。

2. GM8180 内部包含＿＿＿＿＿＿路数字视频输入信号接口和＿＿＿＿＿＿路数字视频输出信号接口。

3. GM8180 内部包含＿＿＿＿＿＿路数字音频访问信号接口。

4. GM8180 内部包含＿＿＿＿＿＿个以太网访问信号接口、＿＿＿＿＿＿个 UART 异步串口访问信号接口。

2. DDR DRAM 模块的工作原理

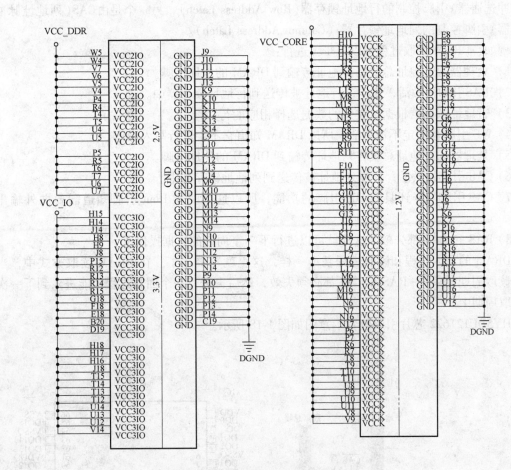

图 1-16　GM8180 的电源功能引脚图

读一读

　　本最小系统的 DRAM 主要由两片 HY5DU121622 组成。每片 HY5DU121622 的容量是 512Mbit(64MB)，因此本最小系统的数据存储器的容量是 128MB。

　　DRAM(动态数据存储器)与 SRAM(静态数据存储器)不同，存储一个位的信息只需要一个晶体管。但是它需要周期性充电才能使保存的信息不消失。这种刷新的周期至少要 64ms 一次，这也就意味着 DRAM 需要 1% 的时间来进行刷新。DRAM 的刷新对于芯片生产厂商来说不是难题，而关键在于存储单元进行读取操作时要保持存储单元的内容不变，所以 DRAM 单元每次读取操作之后都要进行刷新，也就是执行一次"回写"操作，因为读取操作会破坏存储单元中的电荷。因此，存储单元不但要每 64ms 刷新一次，而且每次读操作之后还要刷新一次，这样就增加了存取操作的周期。

　　DRAM 的存取速度没有 SRAM 快，但是 DRAM 更容易做成大容量的 RAM。一般的嵌入式系统中，主存储器采用 DRAM，而快速存储器(Cache Memory)则采用 SRAM。DRAM 的优点是制造成本要比 SRAM 低得多。

　　DRAM 内部结构示意图如图 1-17 所示。

从图 1-17 中可以看出，DRAM 的结构相对于 SRAM 多了两个部分：一个是由$\overline{\text{RAS}}$(行地址脉冲选通器)引脚控制的行地址锁存器(Row Address Latch)，另一个是由$\overline{\text{CAS}}$(列地址脉冲选通器)引脚控制的列地址锁存器 (Column Address Latch)。

例如，DRAM 读取过程按以下步骤进行：

1）处理器通过地址总线将行地址传输到 DRAM 的地址引脚。

2）$\overline{\text{RAS}}$引脚被激活，这样，行地址被传送到行地址锁存器中。

3）行地址解码器根据接收到的数据选择相应的行。

4）$\overline{\text{WE}}$ 引脚被确定不被激活，所以 DRAM 知道它不会进行写入操作。

5）处理器通过地址总线将列地址传输到 DRAM 的地址引脚。

6）$\overline{\text{CAS}}$ 引脚被激活，这样列地址被传送到列地址锁存器中。

7）$\overline{\text{CAS}}$ 引脚同样还具有 $\overline{\text{OE}}$ 引脚的功能，所以这个时候 Dout 引脚知道需要向外输出数据。

8）$\overline{\text{RAS}}$ 和 $\overline{\text{CAS}}$ 都失效，这样就可以进行下一个周期的数据操作了。

DRAM 的写入过程和读取过程基本一样，这里就不赘述了。在 DRAM 读取方式中，当一个读取周期结束后，$\overline{\text{RAS}}$ 和 $\overline{\text{CAS}}$ 都必须失效，然后再进行一个回写过程才能进入到下一次的读取周期中。

HY5DU121622 芯片引脚位置示意图如图 1-18 所示。

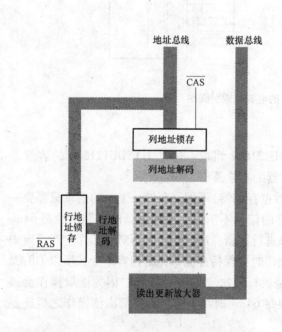

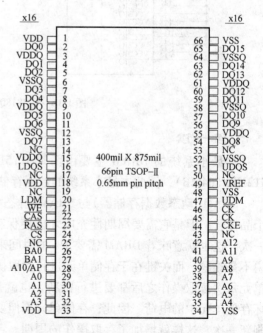

图 1-17　DRAM 内部结构示意图　　　图 1-18　HY5DU121622 芯片引脚位置示意图

HY5DU121622 芯片引脚功能描述见表 1-2。

表 1-2　HY5DU121622 芯片引脚功能描述

引　脚	类型	功能描述	引　脚	类型	功能描述
CK、$\overline{\text{CK}}$	输入	两路差分时钟输入	LDM、UDM	输入	高/低地址输入屏蔽信号
CKE	输入	时钟使能	LDQS、UDQS	输入/输出	高/低数据位输入/输出屏蔽信号
$\overline{\text{CS}}$	输入	片选			
BA0、BA1	输入	Bank 选择信号	DQ	输入/输出	数据
A0 ~ A12	输入	地址输入信号	VDD/VSS	电源	内部电路和输入缓存供电电压
$\overline{\text{RAS}}$	输入	行地址使能信号	VDDQ/VSSQ	电源	输出缓存供电电压
$\overline{\text{CAS}}$	输入	列地址使能信号	VREF	电源	SSTL 接口参考电压
$\overline{\text{WE}}$	输入	写入使能	NC	NC	扩展功能

 **看一看**

最小系统 DRAM 参考设计电路如图 1-19 所示。DDR1 _ DQ0 ~ DDR1 _ DQ31 为 32 位的数据访问信号脚。DDR1 _ A0 ~ DDR1 _ A12 为地址访问信号脚。DDR1 _ BA0 ~ DDR1 _ BA1 为内部 Bank 访问选择信号脚。地址、数据访问信号、时钟信号以及其他控制信号(DDR1 _ RAS、DDR1 _ CAS)都来源于 GM8180，也就是说信号都与 GM8180 直接相连。

HY5DU121622 芯片的电源信号包括 2.5V 的工作电压和 1.25V 的参考电压，是由电源芯片 G2996 产生的。

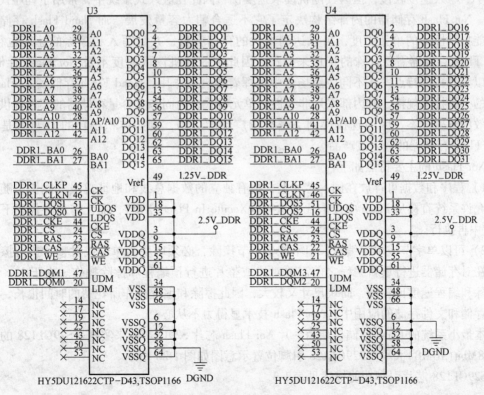

图 1-19　最小系统 DRAM 参考设计电路

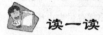

想一想

1. 最小系统的 DRAM 由_____片_____组成。
2. RAS 信号的功能是_____。
3. CAS 信号的功能是_____。
4. HY5DU121622 芯片的电源信号包括_____。

3. Flash 模块的工作原理

读一读

闪速存储器（Flash Memory）是一类非易失性存储器（Non-Volatile Memory，NVM），即使在供电电源关闭后仍能保持片内信息。而诸如 DRAM、SRAM 这类易失性存储器，当供电电源关闭时片内信息会随即丢失。Flash Memory 及其他类非易失性存储器的特点是：与 E^2PROM 相比较，闪速存储器具有明显的优势——在系统电可擦除和可重复编程，而不需要特殊的高电压（某些第一代闪速存储器也要求高电压来完成擦除和/或编程操作）。

与 E^2PROM 相比较，闪速存储器具有成本低、密度大的特点。它所具有的独特的性能使其广泛地运用于各个领域，包括嵌入式系统，如 PC 及外设、电信交换机、蜂窝电话、网络互联设备、仪器仪表和汽车元器件，同时还包括新兴的语音、图像、数据存储类产品，如数字相机、数字录音机和个人数字助理（PDA）。

Nor Flash 和 Nand Flash 是目前市场上两种主要的非易失闪存技术。Nor Flash 存储器的容量小、写入速度较慢，但因其随机读取速度快，因此在嵌入式系统中，常用于程序代码的存储。Nor Flash 存储器的内部结构决定了它不适合朝大容量发展。而 Nand Flash 存储器结构则能提供极高的单元密度，可以达到很大的存储容量，并且写入和擦除的速度也很快。Nand Flash 存储器需要特殊的接口来操作，因此它的随机读取速度不及 Nor Flash 存储器。二者以其各自的特点，在不同应用场合中发挥着各自的作用。Nand Flash 存储器是 Flash 存储器的一种技术规格，其内部采用非线性宏单元模式，为固态大容量存储器的实现提供了廉价有效的解决方案，因而现在得到了越来越广泛的应用，例如体积小巧的 U 盘就是采用 Nand Flash 存储器的嵌入式产品。

Nor Flash 的主要特点如下：

1）程序和数据可存放在同一芯片上，拥有独立的数据总线和地址总线，能快速随机读取，允许系统直接从 Flash 中读取代码执行（eXecute In Place，XIP），而无需先将代码下载至 RAM 中再执行。

2）可以单字节或单字编程，但不能单字节擦除，必须以块为单位或对整片执行擦除操作，在对存储器进行重新编程之前需要对块或整片进行预编程和擦除操作。由于 Nor Flash 的擦除和编程速度比较慢，而块尺寸又较大，因此擦除和编程操作所花费的时间很长，在纯数据存储和文件存储的应用中，Nor Flash 技术显得力不从心。

本最小系统的 Flash 存储模块由一片 Nor Flash 芯片 S29GL128 来实现。S29GL128 的容量是 128Mbit（16MB）大小。S29GL128 引脚位置示意图如图 1-20 所示。

S29GL128 芯片引脚功能描述见表 1-3。

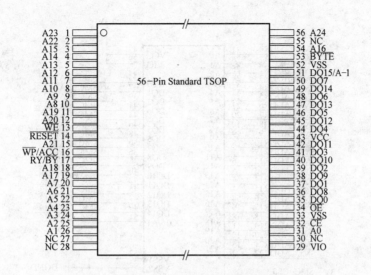

图 1-20　S29GL128 引脚位置示意图

表 1-3　S29GL128 芯片引脚功能描述

引　　脚	类　　型	功 能 描 述	引　　脚	类　　型	功 能 描 述
A24～A0	输入	存储器地址输入信号	$\overline{\text{RESET}}$	输入	芯片硬件复位信号
DQ15～DQ0	输入/输出	数据输入/输出	RY/$\overline{\text{BY}}$	输出	准备好和忙指示输出信号
$\overline{\text{CE}}$	输入	片选	VCC	电源	电源
$\overline{\text{OE}}$	输入	数据输出缓冲器的门控信号	VSS	地	地信号
$\overline{\text{WE}}$	输入	写使能信号，控制写操作	NC	NC	扩展功能，悬空

 **看一看**

最小系统 Flash 参考设计电路如图 1-21 所示。SMC＿ADDR0～SMC＿ADDR23 为地址访问信号脚。SMC＿DATA0～SMC＿DATA15 为数据信号脚。SMC＿CS0、SMC＿OE、SMC＿WE 为读写和片选控制信号脚。地址、数据访问信号以及其他控制信号都来源于 GM8180，也就是说信号都与 GM8180 直接相连。

S29GL128 芯片的电源信号为 3.3V 的电源信号。芯片的复位信号来源于系统的复位信号。

 **想一想**

1. 最小系统的 Flash 由＿＿＿＿＿片＿＿＿＿＿组成。
2. Flash 的 $\overline{\text{CE}}$ 信号的功能是＿＿＿＿＿。
3. Flash 的 $\overline{\text{OE}}$ 信号的功能是＿＿＿＿＿。$\overline{\text{WE}}$ 信号的功能是＿＿＿＿＿。
4. HY5DU121622 芯片的电源信号是由＿＿＿＿＿＿＿＿产生的。

4. UART 电平转换电路的工作原理

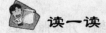 **读一读**

数据通信的基本方式可以分为并行通信和串行通信两种方式。所谓并行通信，是指利用

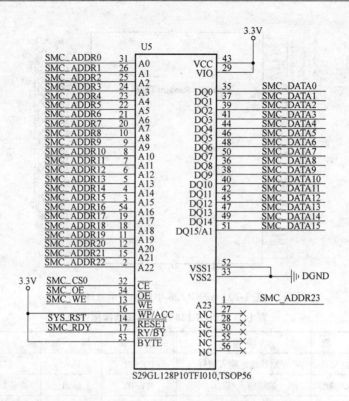

图 1-21 最小系统 Flash 参考设计电路

多条数据传输线将一个数据的各位同时进行传输。它的特点是传输速率快，适合于短距离传输。串行通信是利用一条数据传输线将数据一位一位地进行传输。在串行通信中，每一位数据的传输都占据一个固定的时间长度。与并行通信相比，串行通信具有数据传输线少、成本低等优点，特别适合远距离传输，其缺点是速度慢。

（1）串行数据传输模式　串行通信中，数据通常是在两个站（如终端和计算机）之间进行传输。作为一台终端，一般来说都需要有发送命令和接收数据的能力，但有时也可能只需要具备单方面的能力就可以了。所以就有所谓的单工、半双工和全双工之分。

1）单工模式。这就像是一条绝对的单行道，不准有逆向行车的事情发生，又好像是广播系统，只能单方面地传输信息。因此，对于远端的终端把数据转移到中央处理器去处理的工作而言，单工的传输模式就足够了。

2）半双工模式。这种工作方式准许数据的传输作双向式的操作，但在某一时刻只能进行发送或接收处理，输入过程和输出过程使用同一根传输线。当然这种方式比下面所要提到的全双工要耗费较多的时间。

3）全双工模式。串行接口之间分别用两根独立的传输线发送和接收信号，使得发送和接收可同时进行。或者只用一根通信链路，采用频分多路复用方式（FDM），来把频率分成两个频道，一个作为接收频道，另一个则作为发送频道。

（2）串行通信信息格式　串行通信在信息格式的约定上可以分为两种方式：一种是异步通信；另一种是同步通信。

1）异步通信方式。异步通信方式是把每一个字符当做独立的信息来传输，并按照固定且预定的时序传输，但字符与字符之间的时序却没有固定的要求。而一个完整的字符传输过程，包含一个起始位、所欲传输的字符、校验位和停止位。以下将说明单个字节经异步传输时的位时序。当一个字符要传输到某接收器时，先将其最低有效位(LSB)送出(即 D0)，但为使接收器能事先知道开始传输，所以先使串行通信数据线在无数据传输时都固定保持在一个状态上。假设无数据在串行数据线上时，其状态固定保持为"1"，称此数据线在空闲状态。而为使接收器知道数据开始传输，所以在传输第一个位(D0)时，先传输一个与空闲状态相反的状态，即状态"0"，当做起始位，这样当串行数据线由空闲状态"1"转变到所传输的起始位"0"时，接收器就能通过检测状态的变化而判断数据是否开始传输。假设有如下的位串：

$$D7 \quad D6 \quad D5 \quad D4 \quad D3 \quad D2 \quad D1 \quad D0$$
$$0 \quad 0 \quad 0 \quad 1 \quad 0 \quad 0 \quad 1 \quad 1$$

当传输该位串的字符时，其顺序即为先传输起始位"0"，接着传输"11001000"，而当传输完 D7 后，可以再传输 1 个奇偶校验位，用来作错误检测。最后发送至少 1 个停止位"1"，以区分下一个字符的起始位"0"。这样构成的一串数据称之为一帧。一帧数据的各位代码间的时间间隔是固定的，而相邻两帧数据间的时间间隔是不固定的。可见，异步通信时字符是一帧一帧传输的，每帧数据的传输靠起始位来同步。在异步通信的数据传输中，传输线上允许传输空字符。

异步通信必须遵循的三项规定如下：

① 字符的格式。在传输每个字符时，必须在其前面加上 1 位起始位，后面加上 1 位、1.5 位或 2 位停止位。例如传输 ASCII 码时，一帧数据应该包括：前面 1 个起始位，接着 7 位 ASCII 码，再接着 1 位奇偶校验位，最后 1 位停止位，共 10 位。

② 波特率。波特率就是传输数据位的速率，用位/秒（bit/s）表示。例如，数据传输的速率为 120 字符/s，每个字符包括 10 个数据位，则传输波特率为

$$10\text{bit}/字符 \times 120\ 字符/s = 1200\text{bit}/s$$

每一位的传输时间为 $1\text{bit}/(1200\text{bit}/s) \approx 0.833\text{ms}$。一般情况下，异步通信的波特率为 150bit/s、300bit/s、600bit/s、1200bit/s、2400bit/s、4800bit/s、9600bit/s、14400bit/s 和 28800bit/s 等，数值成倍数变动，这是因为串行通信的时钟是采用一个基准时序再做二次方分频后的结果。

③ 校验位。在一个字符数据中，其中必有奇数个或偶数个的状态"1"位。假设接收器的硬件设计要接收偶数个"1"，当字符内有偶数个"1"时，则校验位就设为"0"；反之，当字符内有奇数个"1"时，则校验位设为"1"。换言之，对于偶校验，就是要使字符加上校验位后有偶数个"1"；奇校验就是要使字符加上校验位后有奇数个"1"。例如在上例中，共有奇数个"1"，所以当接收器要接收偶数个"1"时(即偶校验)，则校验位就置为"1"；反之，当接收器要接收奇数个"1"时，则校验位就置为"0"。

一般校验位的产生和检查是由串行通信控制器内部自动产生的，除了加上校验位以外，通信控制器还会自动加上停止位，用来指明欲传输字符的结束。对接收器而言，若未能检测到停止位，则意味着传输过程发生了错误。而停止位会根据计算机的种类取 1 位、1.5 位或 2 位。UART 访问时序如图 1-22 所示。

2) 同步通信方式。在前述的异步通信方式中，可以看到在发送的数据中含有起始位和停止位这两个与实际欲传输的数据毫无关联的位。换句话说，若传输一个 8 位的字符，其校

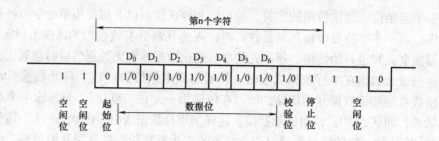

图 1-22　UART 访问时序

验位、起始位和停止位都为 1 个位，则相当于要传输 11 个位信号，所以实际上的使用率就只有约 80% 而已。显然，在需要较高通信速率的场合下，异步通信方式就会无法满足需求。因此，为了提高通信效率，人们提出了同步通信方式的概念。

与异步通信方式不同的是，同步通信方式不仅在字符本身之间是同步的，而且在字符与字符之间的时序仍然是同步的。也就是说，同步通信方式是将许多字符聚集成一个字符块后，在该字符块（常称之为信息帧）之前要加上 1~2 个同步字符，在字符块之后再加入适当的错误检测数据才传输出去。采用同步通信时，在传输线上没有字符传输时，要发送专用的"空闲"字符或同步字符，其原因是同步传输字符必须连续传输，不允许有间隙。

（3）RS-232 串行接口　RS-232 串行接口是由美国电子工业协会（EIA）于 1969 年制定并采用的一种串行通信接口标准，后来被广泛使用，并发展成为一种国际通用的串行通信接口标准。EIA 制定的 RS-232 传输电气规格见表 1-4。

表 1-4　EIA 制定的 RS-232 传输电气规格

状 态	L（Low）	H（High）
电压范围/V	-25 ~ -3	3 ~ 25
逻辑	1	0
名称	SPACE	MARK

RS-232 串行接口所用的驱动芯片通常可以用 ±12V 的电源来驱动信号线，但是实际上，因为传输线的连接状态以及接收端负载阻抗的影响，均会造成电压的下降，但最低不得低于 ±5V。

嵌入式系统内通常以 3.3V 代表逻辑"1"，接地电压代表逻辑"0"，因此 TTL 标准与 RS-232 标准之间的电平转换必须由专门的转换芯片来完成，如本最小系统中的 MAX3232 芯片。MAX3232 可以实现两路标准的 UART 串口的电平转换功能，其引脚位置示意图如图 1-23 所示。

MAX3232 的内部功能模块示意图如图 1-24 所示。

MAX3232 芯片引脚功能描述见表 1-5。

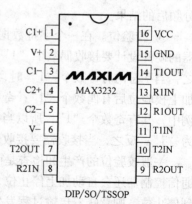

图 1-23　MAX3232 的引脚位置示意图

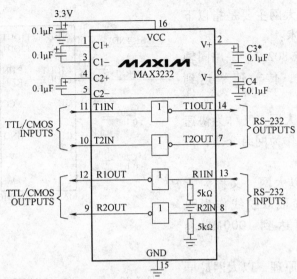

*C3 CAN BE RETURNED TO EITHER VCC OR GROUND.

图 1-24　MAX3232 的内部功能模块示意图

表 1-5　MAX3232 芯片引脚功能描述

引　　脚	类　　型	功能描述	引　　脚	类　　型	功能描述
10、11	输入	TTL/CMOS 电平输入信号	1、3、4、5	输入	内部充电电容输入
7、14	输出	RS-232 电平输出信号	16	电源	电源
9、12	输出	TTL/CMOS 电平输出信号	2、6、15	地	地信号
8、13	输入	RS-232 电平输入信号			

 **看一看**

最小系统 UART 电平转换参考设计电路如图 1-25 所示，主要由 MAX3232 来实现。S1 _ TXD 和 S1 _ RXD 为 UART 接口的 TTL 电平输入和输出端，分别与 GM8180 直接相连。S1 _ DOUT 和 S1 _ DIN 为 UART 接口的 RS-232 电平输入和输出端，分别与 DB9 连接头直接相连。MAX3232 芯片的电源信号为 3.3V。

 **想一想**

1. 最小系统的 UART 电平转换模块由＿＿＿＿＿＿＿片＿＿＿＿＿＿＿组成。
2. S1 _ TXD 和 S1 _ RXD 信号的功能是＿＿＿＿＿＿＿。
3. S1 _ DOUT 和 S1 _ DIN 信号的功能是＿＿＿＿＿＿＿。
4. UART 通信中波特率和校验位是什么意思？
5. UART 通信中为什么要进行 TTL 电平和 RS-232 电平的转换？

5. 以太网 PHY 接口的工作原理

 读一读

以太网以其高度灵活、相对简单、易于实现的特点，成为当今最重要的一种局域网建网技术。通常所说的以太网主要是指以下三种不同的局域网技术：

1) 以太网/IEEE 802.3, 采用同轴电缆作为网络介质, 传输速率达到 10Mbit/s。

2) 100Mbit/s 以太网, 又称为快速以太网, 采用双绞线作为网络介质, 传输速率达到 100Mbit/s。

3) 1000Mbit/s 以太网, 又称为千兆以太网, 采用光缆或双绞线作为网络介质, 传输速率达到 1000Mbit/s (1Gbit/s)。

（1）以太网工作原理　以太网最早是由 Xeros 公司开发的一种基带局域网技术, 使用同轴电缆作为网络介质, 采用载波多路访问和碰撞检测（CSMA/CD）机制, 数据传输速率达到 10Mbit/s。

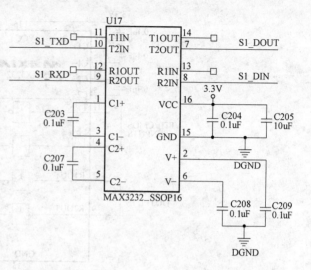

图 1-25　最小系统 UART 电平转换参考设计电路

以太网/IEEE 802.3 通常使用专门的网络接口卡或通过系统主电路板上的电路实现。以太网使用收发器与网络媒体进行连接, 收发器可以完成多种物理层功能, 其中包括对网络碰撞进行检测; 收发器可以作为独立的设备通过电缆与终端站连接, 也可以直接被集成到终端站的网卡中。

以太网采用广播机制, 所有与网络连接的工作站都可以看到网络上传递的数据。它们通过查看包含在帧中的目标地址, 来确定是否进行接收或放弃。如果确定数据是发给自己的, 工作站就会接收数据并传递给高层协议进行处理。

以太网采用 CSMA/CD 介质访问技术, 任何工作站都可以在任何时间访问网络。在发送数据之前, 工作站首先需要侦听网络是否空闲, 如果网络上没有任何数据传送, 工作站就会把所要发送的信息投放到网络当中; 否则, 工作站只能等待网络下一次出现空闲的时候再进行数据发送。

作为一种基于竞争机制的网络环境, 以太网允许任何一台网络设备在网络空闲时发送信息。因为没有任何集中式的管理措施, 所以非常有可能出现多台工作站同时检测到网络处于空闲状态, 进而同时向网络发送数据的情况。这时, 发出的信息会相互碰撞而导致损坏, 因此, 工作站必须等待一段时间后, 重新发送数据。补偿算法就是用来决定在发生碰撞后, 工作站应当在何时重新发送数据帧。

（2）以太网帧格式　以太网的帧格式如图 1-26 所示。各部分的含义如下。

Preamble：前导, 由 0、1 间隔组成。

Destination Address：目的地址, 以太网的地址为 48 位（6B）二进制地址, 表明该帧传输给哪个网卡, 如果为全 F, 则是广播地址, 广播地址的数据可以被任何网卡接收到。

Source Address：源地址, 为 48 位（6B）二进制地址, 表明该帧的数据是哪个网卡发的, 即发送端的网卡地址。

Type：类型字段, 表明该帧的数据是什么类型的数据, 不同协议的类型字段不同。如

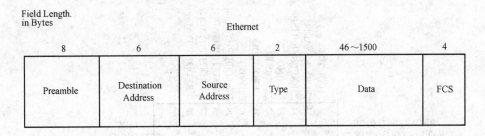

图 1-26 以太网的帧格式

0800H 表示数据是 IP 包，0806H 表明数据是 ARP 包，814CH 是 SNMP 包。

Data：数据段，该段数据不能超过 1500B。

FCS：32 位数据校验位，为 32 位的 CRC 校验。该校验由网卡自动计算，自动生成，自动校验，自动在数据段后面填入。

（3）以太网控制器和 PHY 转换芯片　以太网控制器主要完成以太网协议（MAC）的处理功能，以太网 PHY 芯片主要完成接口转换的功能。本系统中，以太网的 MAC 协议处理模块由 GM8180 内部的 MAC 处理模块来提供，而以太网的 PHY 芯片则由 DM9161AE 来实现。

DM9161AE 实现 RMII 接口的 MAC 帧数据到 100BASE-T 或 10BASE-T 数据格式的转换功能，内部包含 4B/5B 编解码功能、NRZ 到 MLT-3 接口转换功能、自动协商和冲突检测的功能模块。DM9161AE 内部功能模块图如图 1-27 所示。

为了更好地实现交流耦合和隔离的功能，以太网 PHY 通常采用网络变压器与 RJ45 接口连接。本系统中采用 H1102 实现耦合和隔离的功能。

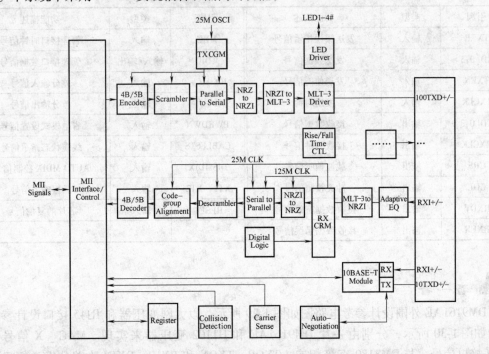

图 1-27 DM9161AE 内部功能模块图

DM9161AE 引脚位置示意图如图 1-28 所示。

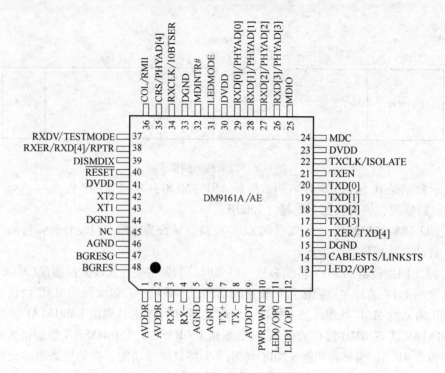

图 1-28　DM9161AE 引脚位置示意图

DM9161AE 芯片的引脚功能描述见表 1-6。

表 1-6　DM9161AE 芯片的引脚功能描述

引脚	类型	功能描述	引脚	类型	功能描述
TXER	输入	发送错误指示信号	MDC	输入	管理接口时钟信号
TXD[0:3]	输入	发送数据信号	MDIO	输入/输出	管理接口数据信号
TXEN	输入	发送使能信号	RX +／−	输入	差分输入信号
TXCLK	输入	发送时钟	TX +／−	输出	差分输出信号
RXD[0:3]	输出	接收数据信号	PWRDWN	输入	省电模式设置信号
RXCLK	输出	接收时钟信号	CABLESTS	输入	线缆状态指示信号
CRS	输出	载波侦听信号	DISMDIX	输入	AUTO MDIX 控制信号
COL	输出	冲突检测信号	XT1、XT2	输入	晶振输入信号
RXDV	输出	接收数据有效信号	RESET	输入	芯片的复位信号
RXER	输出	接收数据错误信号			

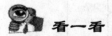　看一看

　　DM9161AE 外围设计参考电路图如图 1-29 所示，以太网变压器和 RJ45 接口设计参考电路图如图 1-30 所示，分别由一片 DM9161AE 和 H1102 变压器来实现。MAC_X 信号脚为 RMII 接口信号，与 GM8180 直接相连。TXOP、TXON 和 RXIP、RXIN 为差分发送接口和差分接收接口，与以太网变压器 H1102 相连。

　　DM9161AE 芯片的电源为 3.3V 的电源信号，晶振输入为 25MHz 的时钟信号，复位信号

来源于单板全局复位信号。

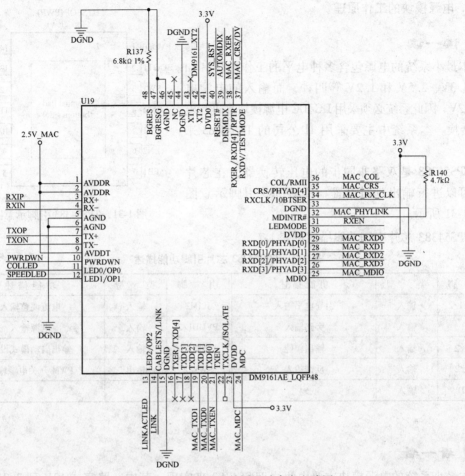

图 1-29　DM9161AE 外围设计参考电路图

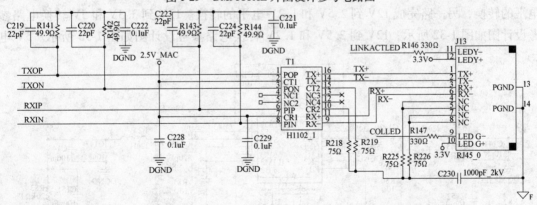

图 1-30　以太网变压器和 RJ45 接口设计参考电路图

 **想一想**

1. DM9161AE 实现的功能是什么?

2. H1102 实现的功能是什么?

3. 在本最小系统中，以太网 MAC 层的处理由哪些芯片完成？

6. 电源模块的工作原理

 读一读

本最小系统的电源包含多种电平的工作电压，如 5V、3.3V、2.5V 和 1.2V 等四种，而输入的电源电压是 12V。因此系统必须采用 DC/DC 电源模块来进行电平的转换。本系统中主要采用 TI 公司的 TPS54383 来实现。

TPS54383 是双路非同步的电压转换器，在芯片内部可以进行输出延时设置。TPS54383 引脚示意图如图 1-31 所示。

TPS54383 芯片引脚功能描述见表 1-7。

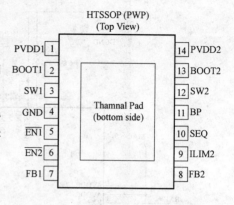

图 1-31　TPS54383 引脚示意图

表 1-7　TPS54383 芯片引脚功能描述

引　脚	类　型	功能描述	引　脚	类　型	功能描述
BOOT1/2	输入	引导电平输入	ILIM2	输入	电流调整输入
BP	输入	旁路输入	PVDD1/2	输入	电源输入
$\overline{EN1/2}$	输入	输出使能	SEQ	输入	输出启动模式设置
FB1/2	输入	反馈输入	SW1/2	输出	PWM 开关电源输出
GND	输入	地			

 看一看

本最小系统的电源模块主要由两片 TPS54383 来实现。其中一路完成 12V 到 3.3V 和 5V 电平的转换，另一路完成 12V 到 2.5V 和 1.2V 电平的转换。12V 到 3.3V 和 5V 转换电路参考设计图如图 1-32 所示，12V 到 2.5V 和 1.2V 转换电路参考设计图如图 1-33 所示。5V 电

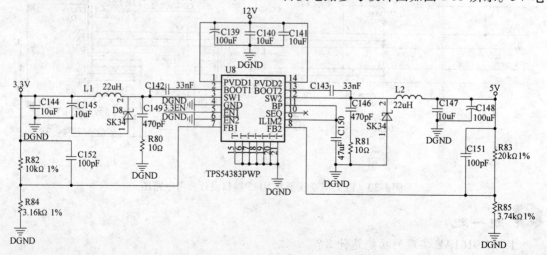

图 1-32　12V 到 3.3V 和 5V 转换电路参考设计图

压的精确电平值由图 1-32 中的 R83 和 R85 的阻值来决定，3.3V 电压的精确电平值由图 1-32 中的 R82 和 R84 的阻值来决定；1.2V 电压的精确电平值由图 1-33 中的 R88 和 R91 的阻值来决定，2.5V 电压的精确电平值由图 1-33 中的 R89 和 R90 的阻值来决定。为了保证输出电压的精确程度，需要选择这几个电阻的合适阻值。另外，为保证输出电压的稳定程度，需要保证这几个电阻为精密电阻。

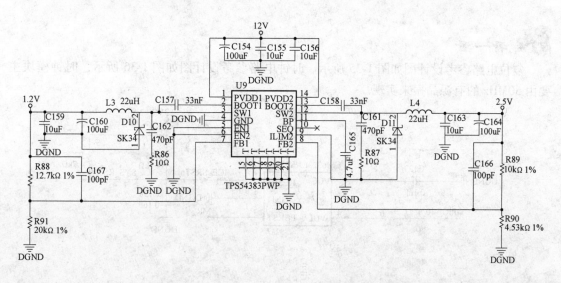

图 1-33　12V 到 2.5V 和 1.2V 转换电路参考设计图

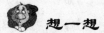 **想一想**

1. 最小系统的电源模块由_____片_____组成。
2. 3.3V 电压的精确电平值通过调整_____和_____的阻值来确定。
3. 5V 电压的精确电平值通过调整_____和_____的阻值来确定。
4. 2.5V 电压的精确电平值通过调整_____和_____的阻值来确定。
5. 1.2V 电压的精确电平值通过调整_____和_____的阻值来确定。

7. 复位和时钟模块的工作原理

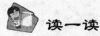 **读一读**

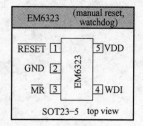

由于最小系统中 GM8180 的复位信号要求保持 200ms 的低电平输入，因此该复位信号需要采用专门的复位芯片来实现。本最小系统采用 EM6323 芯片来实现。

EM6323 是包含低电压检测和看门狗检测电路的专用复位芯片，其引脚示意图如图 1-34 所示。EM6323 可以产生 200ms 的低电平复位信号，还可以支持 11 种不同的低电源电压复位输入和手动复位信号输入。另外，也支持检测 1.6s 的看门狗复位输入。

图 1-34　EM6323
引脚示意图

EM6323 芯片引脚功能描述见表 1-8。

表 1-8　EM6323 芯片引脚功能描述

引　脚	类　型	功能描述	引　脚	类　型	功能描述
$\overline{\text{RESET}}$	输出	复位输出信号	VDD	输入	电源信号
$\overline{\text{MR}}$	输入	手动复位输入	GND	输入	地信号
WDI	输入	看门狗输入信号			

 看一看

复位电路参考设计图如图 1-35 所示。时钟电路参考设计图如图 1-36 所示，时钟模块主要由 50MHz 的有源晶振来实现。

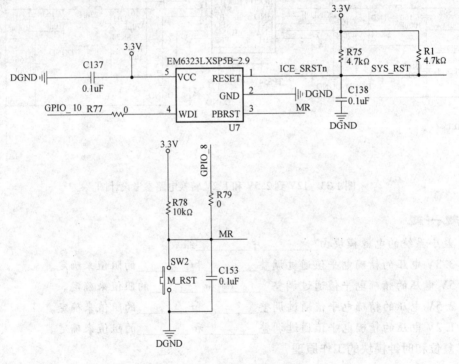

图 1-35　复位电路参考设计图

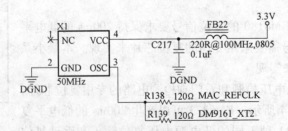

图 1-36　时钟电路参考设计图

 想一想

1. 最小系统的复位模块由＿＿＿＿＿片＿＿＿＿＿组成。

2. RESET 引脚的功能是_____。

3. MR 引脚的功能是_____。

4. WDI 引脚的功能是_____。

5. 最小系统的时钟模块由_____实现。

任务 1-4 撰写设计方案文档

为方便指导设计单板的硬件原理图和 PCB 文件以及底层软件工程师的软件设计，在进行单板硬件详细设计之前，需要编写详细的硬件设计方案文档。这样既可以用于理清自己的设计思路，又可以提高工作效率。因为硬件工程师设计的单板除了自己要对它进行调试外，还有很多相关的其他产品开发部门和生产部门的员工会使用，因此必须在单板硬件设计和调试之前完成设计方案的撰写。

单板硬件设计方案设计文档的参考目录如图 1-37 所示，其各部分包含的主要内容如下。

目 录

图 1-37 单板硬件设计方案设计文档的参考目录

1）引言：主要描述单板硬件的名称、产品信息、文档目的和适用范围等。

2）总体设计：主要描述单板硬件的功能和性能指标、开发环境以及设计思想等。

3）硬件模块划分：主要分模块来描述本单板的设计组成、实现原理和相互之间的接口等。

4）关键技术：主要描述实现此单板的功能和性能、要解决的技术难点和实现的可行性等。

5）关键元器件：主要描述此单板所采用的主要芯片和关键芯片，或者新采用的元器件等设计信息。

6）接口设计：主要描述此单板对外提供的接口，以方便将此单板应用于整个产品系统中。

7）可靠性、安全性和电磁兼容性设计：主要描述为解决单板的这些问题需要采取的方法和保护措施。

8）电源设计：主要描述单板的电源模块的实现方案以及满足单板电源需求的可行性分析。

9）工艺结构设计：主要描述单板在外观结构设计上的考虑。

10）可测试性设计：主要描述单板为提高单板硬件的可测试性所采取的措施。

11）其他设计要点：主要针对文档模板没有提到的而本单板硬件设计中需要特别关注的问题作一个重点说明。

12）硬件调试方法与步骤：主要描述单板硬件在硬件调试方法和步骤上的规划和考虑。

13）评审报告：要附加上此文档交给专家组评审后的评审意见。

 做一做

1. 请结合实际情况，撰写一份多媒体处理器最小系统硬件设计方案的文档。

2. 在小组内部对每个组员撰写的文档进行评审，并提交评审报告。

任务2　制作和调试最小系统硬件电路

学习目标

☆ 能理解高速信号电路设计的基本原理。

☆ 能理解 RS-232 接口、RJ45 网络接口和 JTAG 接口的基本功能和引脚定义。

☆ 会调试和测试嵌入式最小系统硬件电路。

☆ 会烧写嵌入式系统的 BOOT 文件。

☆ 会建立 PC 和最小系统间的通信链路。

工作任务

☆ PCB 文件的识读和单板 PCBA 检查。

☆ 最小系统硬件电路的测试和调试。

☆ BOOT 文件的烧写。

☆ PC 和最小系统间通信链路的建立。

任务2-1　接受工作任务

任务2主要是完成制作和调试最小系统硬件电路，主要包括单板 PCBA 的检查工作、电路的测试和调试工作、烧写 BOOT 文件和建立 PC 和最小系统间的通信链路。

在此过程中，学会调试和测试嵌入式最小系统硬件电路，掌握高速信号电路的基本设计原理和方法，同时理解 RS-232 接口、RJ45 网络接口和 JTAG 接口的基本功能和引脚定义。

任务2-2　PCB 文件的识读和单板 PCBA 检查

1. PCB 文件的识读

本项目的 PCB 文件通过 POWERPCB 完成设计。POWERPCB 的升级版本为 PADS Layout 软件。该板为六层板，包括一个电源层、一个地层、一个顶层、一个底层和两个内部走线层。最小系统 PCB 全局图如图 1-38 所示。

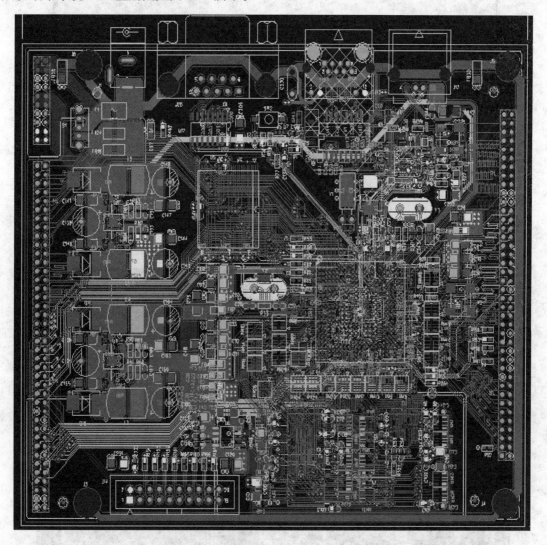

图 1-38 最小系统 PCB 全局图

（1）只显示 Top 层的元器件 步骤如下：执行 PADS Layout Setup 菜单下的 Display Colors Setup 命令，只选择显示 Top 层的元器件，设置完成后将只看到 Top 层的元器件。只显示 Top 层元器件的颜色设置方法如图 1-39 所示，Top 层元器件的显示效果如图 1-40 所示。

（2）只显示 Bottom 层元器件 步骤与上面(1)中描述的方法类似，只是将上面选择 Top 层的设置修改为选择 Bottom 层的设置即可。

（3）观察每条线的走线情况 假设想了解 DDR_D0 的走线情况，步骤如下：执行 Display Colors Setup 命令，设置选定信号线为特殊颜色（如白色），选定信号线颜色的设置方法如图 1-41 所示；然后再选择 DDR_D0 信号线，通过按 <Page Up> 或 <Page Down> 键来改变图形在屏幕中显示的比例，以得到最佳显示效果。DDR_D0 的 PCB 走线的显示效果如图

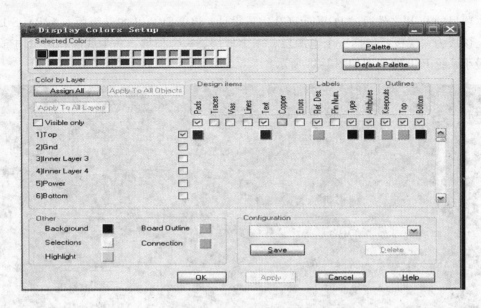

图 1-39　只显示 Top 层元器件的颜色设置方法

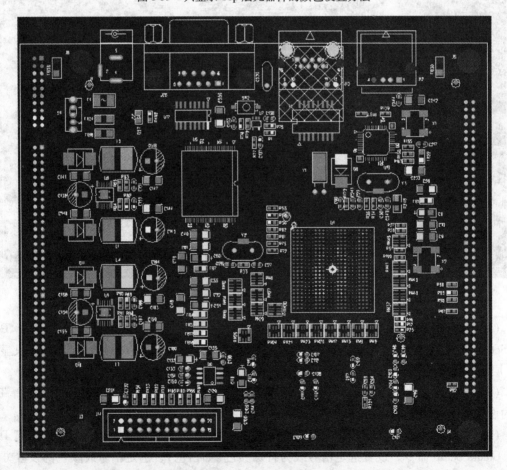

图 1-40　Top 层元器件的显示效果

1-42 所示。白色线路为 DDR _ D0 的实际 PCB 走线。

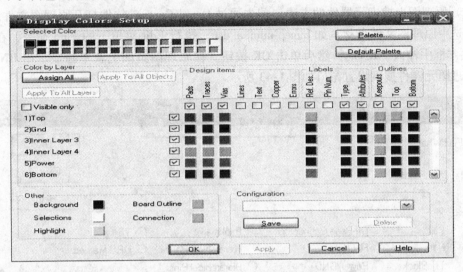

图 1-41　选定信号线颜色的设置方法

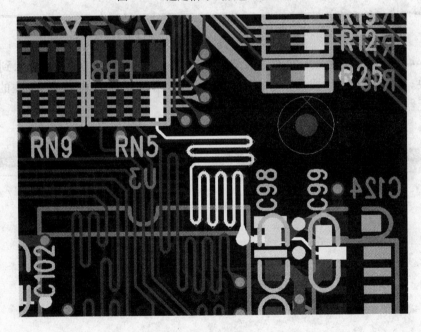

图 1-42　DDR _ D0 的 PCB 走线的显示效果

　做一做

1. 试检查 PCB 上 DDR RAM 芯片各种不同种类的信号走线情况。
2. 试通过不同的设置只显示 PCB 上 Top 层和 Bottom 层元器件在 PCB 上的位置丝印图。

2. 单板 PCBA 检查

PCBA 是指在 PCB 上焊接上元器件的过程。单板 PCBA 检查是检查 PCB 上的元器件是否按照原理图上的元器件来进行焊接，是否存在漏焊和错焊的问题。PCBA 检查涉及原理图上搜索元器件和 PCB 文件上搜索元器件的过程。

（1）原理图上搜索元器件的方法　首先通过 Orcad Capture 软件打开原理图文件。然后用鼠标选中原理图文件名称，如 mmep-mini. a. dsn。执行 Edit 菜单下的 Find 命令，在 Find-What 文本框中输入"RN5"，然后单击 OK 按钮。在原理图页面上就单独显示出 RN5 元器件。原理图元器件搜索设置窗口如图 1-43 所示。

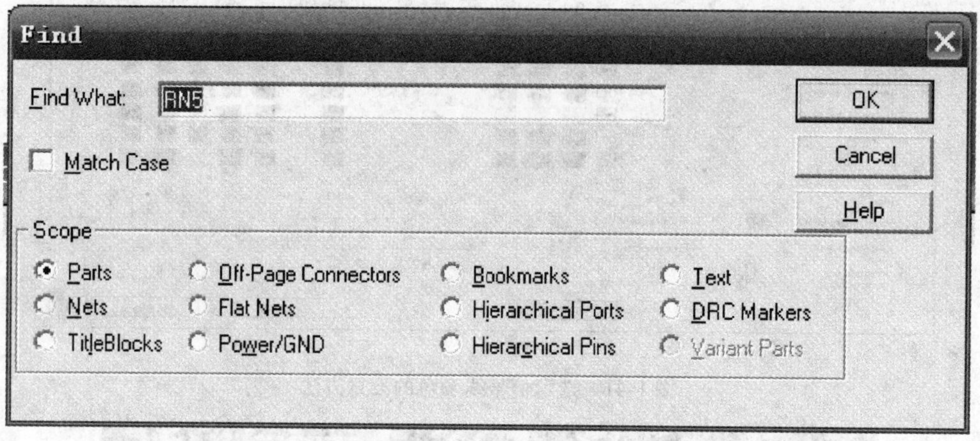

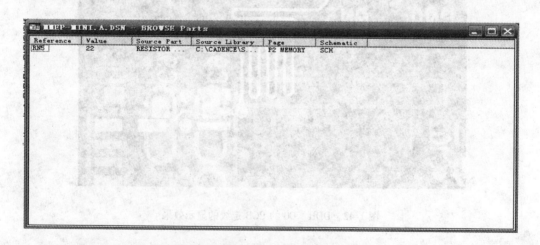

图 1-43　原理图元器件搜索设置窗口

在图 1-44 所示的原理图元器件搜索结果窗口中双击"RN5"，将直接进入到包含 RN5 的电路模块。原理图元器件搜索显示效果图如图 1-45 所示，其中虚线框内标注的元器件即为选中的元器件。

图 1-44　原理图元器件搜索结果窗口

（2）PCB 文件上搜索元器件的方法　用 PADS Layout 软件打开最小系统 PCB 文件。同时只显示顶层和底层的元器件。PCB 顶层和底层元器件显示图如图 1-46 所示。

PCB 文件上搜索元器件的命令窗口如图 1-47 所示。在此窗口下直接输入"SSRN5"，其中"RN5"为要找的元器件名称。如果要搜索其他的元器件，只需要将"RN5"改为该元器件名称就可以了。

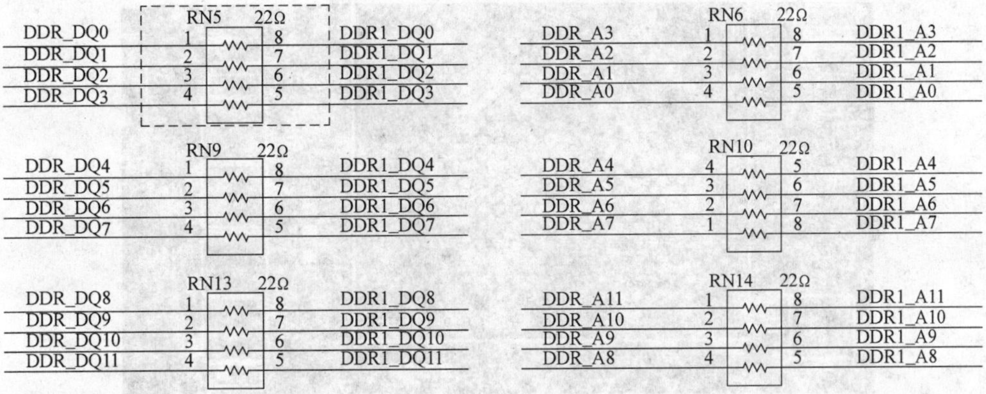

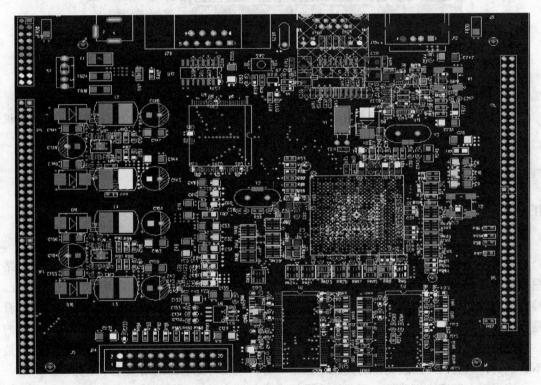

图1-45 原理图元器件搜索显示效果图

图1-46 PCB顶层和底层元器件显示图

PCB 文件上元器件搜索后的显示效果图如图1-48所示。搜索到的元器件 RN5 就会在 PCB 文件上的标注部分显示出来,再按〈Page Up〉或〈Page Down〉键,以达到最佳的显示效果。

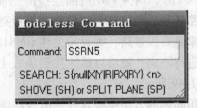

图1-47 PCB 文件上搜索元器件的命令窗口

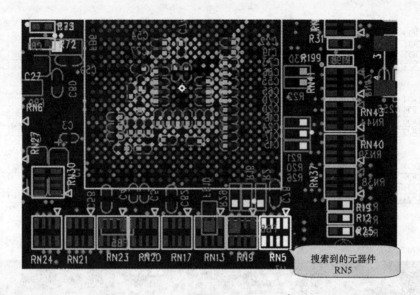

图 1-48　PCB 文件上元器件搜索后的显示效果图

 做一做

1. 逐个对照最小系统上原理图的不同模块，检查 PCB 上的元器件焊接情况，观察单板上是否有焊接错误的情况、元器件是否漏焊、有极性电容的正负极是否焊接错误。

2. 检查 PCB 上各模块的配置电阻是否焊接错误，阻值是否有误？

3. 检查 PCB 上的其他焊接错误。

任务 2-3　最小系统硬件电路的测试和调试

1. 单板电源和地网络短路检查

为避免单板上电后发生短路导致烧毁元器件，所以在单板 PCBA 检查后首先要进行电路短路检查，对单板上的所有电源信号（12V、5V、3.3V、2.5V、1.2V 和 1.25V）都要进行检查。检查的方法是用万用表的两个表笔分别接电源网络上的任意一点和地网络上的任意一点，看是否短路。注意不能只采用听万用表短路告警声的方法来判断是否短路，因为 GM8180 的 1.2V 网络的开路电阻很小（100Ω 以内），因此仅用万用表的告警声来判断电路是否短路是不准确的，只有当万用表测得的开路电阻是 0 时，才表明此电源网络发生了短路。

当出现电源网络短路时，要分级分模块来进行隔离处理。假设 1.2V 的网络短路，首先断开磁珠 FB7，因为 FB7 后面连接的滤波电容太多，且容易焊接短路。然后确定是 FB7 的前级短路还是后级短路，如果是前级短路，则只需检查 1.2V 网络下的零散元器件的焊接情况；如果是后级短路，则只需关注 GM8180 CORE 滤波的那些电容是否焊接短路。通过这样的方法进行隔离，就可以迅速找到单板上的电源网络短路点。1.2V 电源网络短路隔离分级点如图 1-49 所示。

再用同样的方法检查其他的电源网络是否短路，确保所有电源网络没有短路后再给单板上电。

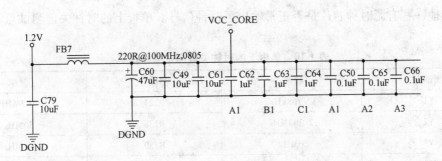

图 1-49　1.2V 电源网络短路隔离分级点

2. 单板电源信号检查

确定单板电源网络都没有短路后,将 12V 电源模块接到单板的 J1 端口上。注意此时应将手尽量放在外接 12V 电源模块的开关上。小心地打开电源开关后,观察单板的上电情况,若单板出现异常情况(如单板有冒烟处或元器件损坏现象),应迅速关掉电源开关,并仔细查看故障点的情况。

待单板稳定运行 1 ~ 2min 后,用手触摸各 IC 的温度,如果温度正常则表明整个单板上电工作正常;如果单板上有 IC 的表面温度异常,则马上断电,然后检查该 IC 是否存在问题。单板上的电源关键测试点和电压见表 1-9。

表 1-9　单板上的电源关键测试点和电压

测试点	电压/V	测试点	电压/V
C139(正极)	12(1 ± 10%)	FB1	3.3(1 ± 5%)
C154(正极)	12(1 ± 10%)	FB3	2.5(1 ± 5%)
C145(正极)	3.3(1 ± 5%)	FB7	1.2(1 ± 5%)
C148(正极)	5(1 ± 5%)	FB1	3.3(1 ± 5%)
C160(正极)	1.2(1 ± 5%)	C96(正极)	2.5(1 ± 5%)
C164(正极)	2.5(1 ± 5%)	C106(正极)	2.5(1 ± 5%)
C233(正极)	3.3(1 ± 5%)	C116(正极)	1.25(1 ± 5%)
C237(正极)	2.5(1 ± 5%)	FB22	3.3(1 ± 5%)

另外,1.2V 电压和 3.3V 电压之间存在上电顺序的问题,就是说在单板上电后,1.2V 电源电压要比 3.3V 电源电压早出现。此特性可以采用示波器的两个探头一起来测试,一个探头接在 C160 上,另外一个探头接在 C145 上,测试后要保证 C160 上的电源电压出现要比 C145 上的电源电压出现早。

3. 单板复位信号检查

用示波器测量 U7(EM6323)的第一脚,再手动闭合一下开关 SW2,观察第一脚上是否出现超过 200ms 的低电压复位脉冲。

4. 单板时钟信号检查

芯片的晶振脚如果有信号,则表明该芯片已经起振。因此,测试芯片的晶振脚的信号波形是判断芯片是否工作的最简单的测试方法。

在本系统中主要测量表 1-10 给出的一些关键点,看各点是否有晶振信号出现。同时还要测量其他一些有源时钟芯片是否正常输出了时钟信号。单板上的时钟关键测试点和频率见表 1-10。

表 1-10　单板上的时钟关键测试点和频率

测试点	频率	测试点	频率
Y1	32.768kHz	R221	167MHz
Y2	12.288MHz	R138	50MHz
Y3	30MHz	R139	50MHz
R198	27MHz		

 做一做

1. 按上述方法，检查单板各个电源网络是否短路。
2. 按上述方法，检查单板各个电源电压测试点的电压是否正常。
3. 按上述方法，检查单板全局复位信号是否正常。
4. 按上述方法，检查单板时钟和晶振信号是否正常。

任务 2-4　BOOT 文件的烧写

BOOT 文件就是相当于计算机系统中的 BIOS 文件，它主要完成硬件系统的一些基本设备的初始化功能，并能提供一个菜单界面供用户进行参数选择。BOOT 文件还具有启动、引导、下载、烧写及参数设置等功能，并且支持各种参数的存储和自动调用。在一些嵌入式系统中，BOOT 文件也叫 Bootloader 文件。

BOOT 文件主要包括如下一些功能：

1）支持网口下载运行程序。
2）支持串口下载运行程序。
3）设置通信串口以及通信串口的波特率设置等。
4）支持 Flash 的在线烧写。
5）设置日期和时间。
6）设置 Linux 的启动参数。
7）保存各种设置的参数。
8）启动和引导操作系统。

因此，在初期进行硬件调试时，都要在单板 Flash 上烧写 BOOT 文件，通过运行 BOOT 文件，可以测试单板硬件是否正常工作。BOOT 文件的烧写主要按以下一些步骤来进行。

1. Banyan-UB 仿真器软件的安装

首先运行 Banyan 安装光盘下的 Banyan-UB-2.1.00.exe，此程序是仿真器的 USB 驱动程序。

插上仿真器后，系统自动搜索并安装驱动程序。

2. 硬件连接

Banyan-UB 仿真器与单板之间是通过 JTAG 接口来进行连接。Banyan-UB 仿真器与 PC 之间通过 USB 接口进行连接。Banyan-UB 仿真器支持 20 引脚的 JTAG 接口。Banyan-UB 仿真器

JTAG 接口引脚定义如图 1-50 所示。

将 Banyan-UB 仿真器的 20PIN 排线连接到单板上的 J14 脚上，同时将 Banyan-UB 仿真器的 USB 接口通过 USB 线连接到 PC 的任一 USB 接口上。

3. 运行编程软件

（1）运行 DaemonU-M.exe　对于 GM8180，需要人工选择 ARM920T 的 CPU 型号，因为在 DaemonU-M.exe 程序中是不能自动搜索到 GM8180 的 CPU 核的型号的（GM8180 的 CPU 核的型号为 FA626）。

（2）运行 Flash Write-F.exe　在此程序下配置 FIE8180-EVB-128M.cfg。Flash Write-F 软件的主界面如图 1-51 所示。

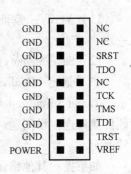

GND	NC
GND	NC
GND	SRST
GND	TDO
GND	NC
GND	TCK
GND	TMS
GND	TDI
GND	TRST
POWER	VREF

图 1-50　Banyan-UB 仿真器 JTAG 接口引脚定义

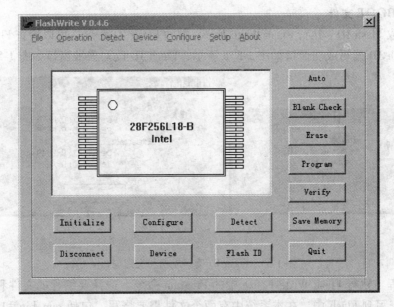

图 1-51　Flash Write-F 软件的主界面

Flash Write 的各种操作可通过菜单执行，也可以通过界面上的各个按钮执行。各个按钮的功能说明如下：

1）Initialize：初始化目标板。

2）Disconnect：退出初始化状态。

3）Configure：设置目标板初始化命令。

4）Device：选择 Flash 类型。

5）Detect：检测目标板上 Flash 类型。

6）Flash ID：读取目标板上 Flash ID。

7）Auto：Flash 自动选择 Blank Check、Erase、Program。

8）Blank Check：检查 Flash 是否为空白。

9）Erase：擦除 Flash。

10）Program：写 Flash。

11）Verify：验证 Flash 内容和指定文件是否一致。

12）Save Memory：保存 Flash 内容到文件。

（3）运行 Initialize 命令　如果此时弹出窗口显示"Target Initialized Successfully!"，则表示 JTAG 硬件接口连接没问题。单板初始化成功窗口如图 1-52 所示。

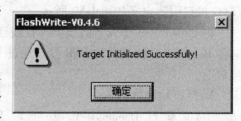

图 1-52　单板初始化成功窗口

如果提示其他错误信息，表示初始化不成功，则需检查硬件连接和配置文件。如果硬件连接和仿真器没问题，则表明是单板的硬件还存在问题，此时需要仔细检查单板的硬件模块，这种情况在单板开始调试之初会经常出现。当出现图 1-52 所示的初始化成功窗口时，至少表明 GM8180 的 CORE 是运行正常的。此处为单板调试时的一个关键点。

4. 烧写 BOOT 文件

（1）读取 Flash ID　执行 Flash Write-F. exe 中的 Flash ID 命令，可以检查 Flash 是否能正常访问。Flash ID 读写成功窗口如图 1-53a 所示，Flash ID 读写失败窗口如图 1-53b 所示。

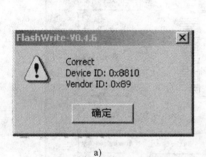
a)

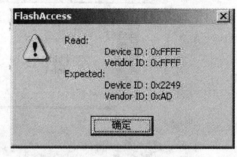
b)

图 1-53　Flash ID 读写成功和失败窗口

（2）编程　执行 Flash Write-F. exe 中的 Program 命令，选择要编程的文件和地址，则将对应的文件烧写到 Flash 中。在本系统中有两个文件需要烧写，包括 rom. bin 和 armboot. bin。rom. bin 的编程地址为 0x0，armboot. bin 的编程地址为 0xC000。rom. bin 是没有操作系统的 Bootloader，只有串口通信；armboot 是有简单操作系统的 Bootloader，包含串口和网口通信。Flash 编程窗口如图 1-54 所示。

先选择要写入 Flash 的文件，并选择文件格式，设置好起始编写地址，单击 Start 按钮开始烧写 Flash，默认起始地址为 Flash 的基地址。各选项说明如下：

1）Blank Check：执行 Blank Check。

2）Erase：执行 Erase。

3）Erase On not blank：先执行 Blank Check，如果不是 Blank，就执行 Erase。

4）Program：执行 Program。

5）Verify：校验。

6）Re-Initialize Target：重新初始化 Flash 芯片的状态机。Flash 芯片在编程或者擦除过程中，可能会出现异常中断的故障现象而导致 Flash 芯片的状态机发生紊乱。通过此命令可使得 Flash 芯片进入到初始化状态。

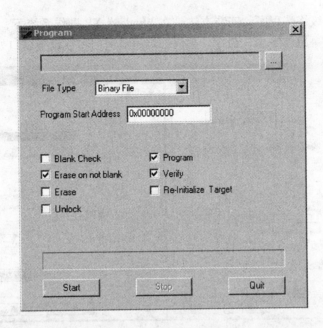

图1-54　Flash编程窗口

在执行 Program 时，会校验写入是否成功，一般情况下，不必使用 Verify 再次校验。使用 Verify 功能可以确保写入成功。

Program 仅向 Flash 写入指定文件，并不重写整个 Flash。类似地，Erase 操作也只是擦除必需的 Flash 空间，而不是擦除整个 Flash。

建议：使用 Erase on not blank。使用此功能的时候，首先检查要写入的 Flash 空间是否为 Blank，如果不是 Blank，则擦除要改写的 Flash 空间。由于 Blank 检查和擦除速度都比较快，基本上不会影响烧写 Flash 的时间，而且可确保烧写成功。

 做一做

1. 按上述方法，连接仿真器、单板和 PC，并安装运行相关的软件。

2. 按上述方法，检查单板 CPU 是否初始化成功。如果不正常，则需仔细检查调试单板硬件。

3. 按上述方法，检查单板 Flash ID 读写是否正常。

4. 按上述方法，将单板 BOOT 文件 rom. bin 和 armboot. bin 文件烧写到 Flash 中对应的地址区。

任务 2-5　PC 和最小系统之间通信链路的建立

PC 和最小系统之间的通信链路主要包括 UART 异步串口和以太网口通信。串口可以通过命令行的方式来操作、调试和监控单板软件的运行情况。网口主要是可以通过以太网的方式来下载程序或者在单板上运行上 Internet 网有关的业务程序。PC 和最小系统之间的通信链路的建立主要包括如下步骤。

1. PC 上用户端程序的安装和设置

（1）串口调试终端程序的安装和设置　串口调试终端程序可以采用 PC 上 Windows XP

操作系统自带的超级终端程序。安装方法是在 Windows XP 操作系统下，执行"开始→所有程序→附件→通信→超级终端"命令。超级终端串口通信参数设置窗口如图 1-55 所示。

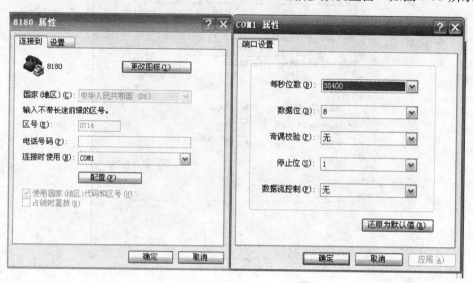

图 1-55　超级终端串口通信参数设置窗口

串口调试终端程序也可以采用其他一些专业的串口调试程序，如 AbsoluteTelnet 程序。进入"连接属性→连接→Direct to COM→端口配置"窗口后，完成相应的串口参数的设置。AbsoluteTelnet 串口通信参数设置窗口如图 1-56 所示。

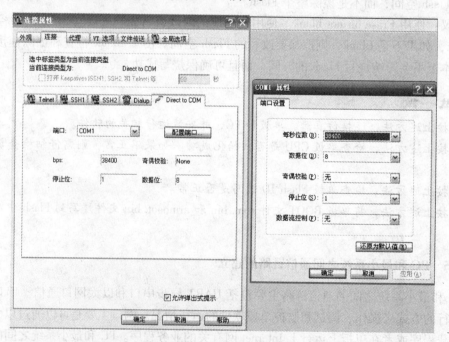

图 1-56　AbsoluteTelnet 串口通信参数设置窗口

AbsoluteTelnet 程序的显示外观可以自行设置，设置方法是进入"连接属性→外观"窗口后，完成相应的串口参数的设置。AbsoluteTelnet 显示外观设置窗口如图 1-57 所示。

图 1-57 AbsoluteTelnet 显示外观设置窗口

（2）网口服务器端程序的安装和设置 首先要设置调试机网卡的网络地址。PC 网卡的网络地址设置窗口如图 1-58 所示。

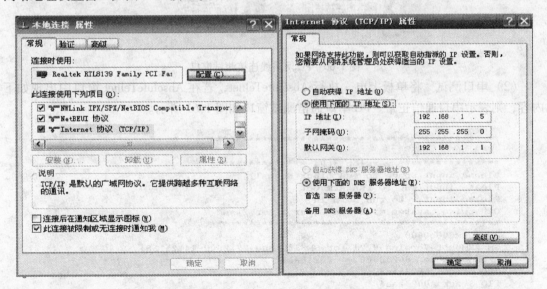

图 1-58 PC 网卡的网络地址设置窗口

然后在 PC 上执行 Tftpd. exe，进入 Tftpd→Configure 菜单，完成参数设置。PC Tftp 服务器软件设置窗口如图 1-59 所示。再执行 Tftpd→Start。这样就在 PC 上启动了 Tftp 服务器端程序。通过这个服务器软件可以将 PC 上的程序通过 TFTP 协议经以太网线下载到最小系统上。

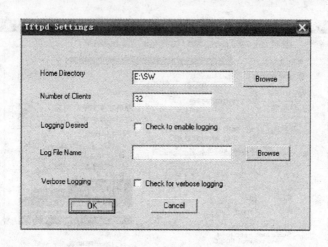

图 1-59　PC Tftp 服务器软件设置窗口

2. PC 和最小系统之间的通信链路连接测试

（1）硬件连线连接　将串口调试线一端插在 PC 的串口插座上，另一端插在最小系统的 J26 插座上。以太网线一端连接在 PC 的网口插座上，另一端插在最小系统的 J13 插座上。通过执行 PC 的"网络连接"，可以观察网线是否连接成功。PC 网络线连接测试窗口如图 1-60 所示。

图 1-60　PC 网络线连接测试窗口

（2）串口测试　将单板上电，执行 AbsoluteTelnet，若在 AbsoluteTelnet 窗口中出现如下内容，则表示串口通信正常。PC 串口通信测试窗口如图 1-61 所示。

```
*****************************************

**************** version 3.04 ****************
Please input Space to run Linux(Normal)
Please input ESC to run ArmBoot
Please input . to run burn-in
Otherwise, system will run Linux after 2 sec
*****************************************
Jump 0x800c0000
GM ARMboot Version 0.21 for GM8180(Aug 22 2009-14:25:58)
ARMboot code: 00200000 -> 00218ae8
IRQ Stack: 00239ae4
FIQ Stack: 0023aae4
DRAM Configuration:
Bank #0: at address 0x0 (128 MB)
Check for S29GL128Mb flash(16bit x1)    DDI1=0x1, DDI2=0x227e (yes)
Flash: (16 MB)
Hit any key to stop autoboot:  0
Cos>
```

图 1-61　PC 串口通信测试窗口

在图 1-61 所示的窗口中，执行如下命令，设置并保存环境变量。

setenv ethaddr 00:40:25:00:00:11

setenv bootcmd tftp 0x2000000normal\; go 0x2000000

setenv ipaddr 192.168.1.14

setenv serverip 192.168.1.5

saveenv

（3）网口测试 上述单板网络参数设置正确后，再在 PC 上执行 Tftpd. exe。执行 Tftpd →Start 命令，同时在 AbsoluteTelnet 窗口中执行 tftp 0x2000000 image_ tt 命令。如果在 AbsoluteTelnet 窗口出现"Loading"的状态条，并最终提示"done"，则表示以太网口通信成功。PC 网口通信测试窗口如图 1-62 所示。

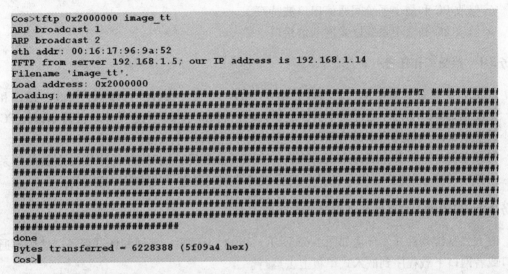

图 1-62 PC 网口通信测试窗口

（4）问题解决 如果串口和网口通信测试不能通过，则首先检查连线，连线确定无误后，再确定单板上 UART 模块和以太网 PHY 模块电路是否有问题。此处为单板调试时的一个关键点。

做一做

1. 按上述方法，完成 PC 上用户终端程序的安装和设置。

2. 按上述方法，确认单板串口通信是否正常，串口波特率的设置参数是多少？

3. 按上述方法，确认单板网口通信是否正常，单板和 PC 的 IP 地址分别设置为多少？

4. 如果单板串口和网口通信不正常，请仔细检查单板串口和以太网接口部分电路，解决实际问题。

任务 3 建立软件开发环境

学习目标

☆ 能理解 ARM 处理器的体系结构和工作原理。

☆ 能理解 ARM 处理器的指令集。

☆ 熟悉 C 语言软件编程的基本语法和编程规则。

☆ 会搭建嵌入式 Linux 实时操作系统交叉开发环境。

☆ 会利用 Linux 编译工具完成目标文件的生成。

☆ 会使用仿真器进行软件代码的在线调试。

工作任务

☆ 搭建嵌入式系统软件交叉开发环境。

☆ 修改 BOOT 软件启动菜单界面。

☆ 修改 PC 和最小系统间通信串口波特率。

☆ 修改 PC 和最小系统以太网通信接口参数。

任务 3-1　接受工作任务

任务 3 主要是对最小系统的软件启动程序的一些相关参数进行理解、修改、编译和编程，主要包括 BOOT 程序启动菜单界面的修改、PC 和最小系统间通信串口波特率以及 PC 和最小系统以太网通信接口参数的修改。

在此过程中，学会搭建嵌入式系统软件交叉开发环境，同时理解 ARM 处理器的体系结构、工作原理和 ARM 指令集，复习 C 语言软件编程的基本语法和编程规则等。

任务 3-2　搭建嵌入式系统软件交叉开发环境

嵌入式系统软件开发环境如图 1-63 所示。在 PC 上编辑、编译和调试程序，然后再通过串口或者网口下载程序到嵌入式单板上去运行。

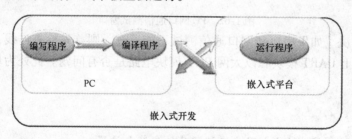

图 1-63　嵌入式系统软件开发环境

有以下两种方法可以在 PC 上进行编辑和编译程序。

一种是利用 ARM 公司自己提供的 ADS(ARM Developer Suite) 软件来进行编译，一种是利用芯片公司提供的 arm-Linux-gcc 编译工具链来进行编译。ADS 软件直接在 PC 的 Windows 操作系统上运行即可，而 arm-Linux-gcc 工具链则需要运行在 Linux 操作系统上。PC 上一般安装的是 Windows 操作系统，因此要在 PC 上运行 arm-Linux-gcc 工具链，则需要通过在 PC 虚拟机软件上运行 Linux 操作系统的方式实现。

嵌入式系统中简单的 BOOT 程序采用 ADS 软件进行编译。而带有复杂的驱动程序和操作系统内核的启动程序则采用 Linux 系统下的 arm-Linux-gcc 编译工具链进行编译。如本最小系统中的 rom. bin 文件是通过 ADS 软件编译，而 armboot. bin 则是通过交叉工具链进行编译。

1. ADS 编译环境的建立

ADS 软件安装完成后，在"开始→程序→ARM Developer Suite v1.2"中打开 Metrowerks CodeWarrior for ARM Developer Suite 启动 ADS 软件。ADS 软件主界面如图 1-64 所示。

图 1-64　ADS 软件主界面

下一步启动新建工程、新建文件窗口。ADS 新建工程和文件启动窗口如图 1-65 所示。

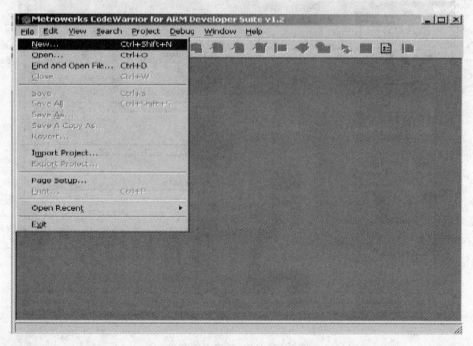

图 1-65　ADS 新建工程和文件启动窗口

ADS 新建工程设置项目名称窗口如图 1-66 所示，假设设定项目名称为"boot _ test"（当然,这些名字可以是自己任意设定的）。

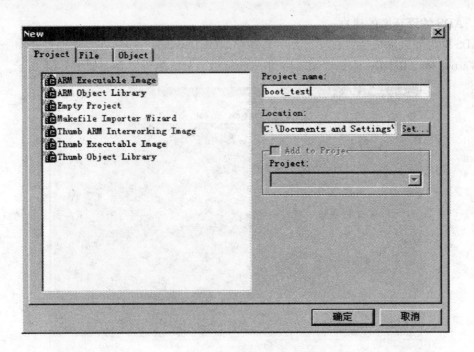

图 1-66　ADS 新建工程设置项目名称窗口

ADS 新建文件窗口如图 1-67 所示。假设新建的文件名称为 "123. s"。

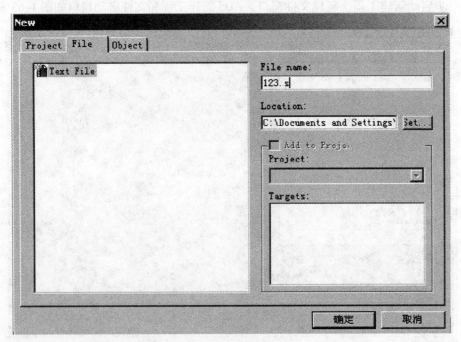

图 1-67　ADS 新建文件窗口

ADS 编辑文件是在 ADS 编辑文件窗口中进行的，ADS 编辑文件窗口如图 1-68 所示。将如下代码输入 ADS 编辑文件窗口中。

AREA boot,CODE,READ ONLY

```
    ENTRY
    mov R0,#0x34
    mov R1,#0x32
    mov R1,R0
LOOP
    add R0,R0,#0x1
    b LOOP
    END
```

注：AREA、boot、CODE、READ、ONLY、ENTRY 必须用〈Tab〉键隔开，而标号 LOOP 要顶格写。

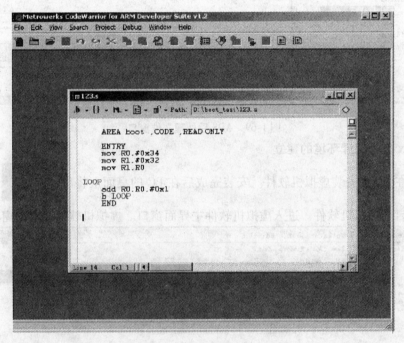

图 1-68 ADS 编辑文件窗口

根据不同的需要，可以将 ADS 程序编译选项设为 Release、Debug、DebugRel 版本中的其中一种。程序要求正式发布时需将编译选项设置为 Release，则表示编译出来的程序不含任何调试信息。

ADS 后处理文件窗口如图 1-69 所示。其中的 Linker 表示用于选择对链接器输出文件的处理方式，这里选择 ARM Linker。在此窗口中主要设置链接器输出文件的一些选项，如程序段（RO Base）的起始地址、数据段（RW Base）的起始地址等。

在 Flash 调试时，需要将"RO BASE"设置为"0x00000000"，并将 RW BASE 设置为"Oxa 0100000"其他不用修改，重新编译下载就可运行。在 Sdram 调试时，需要将"RO BASE"设置为"0xa0000000"，其他不用修改，重新编译下载就可运行（看使用的实际情况）。

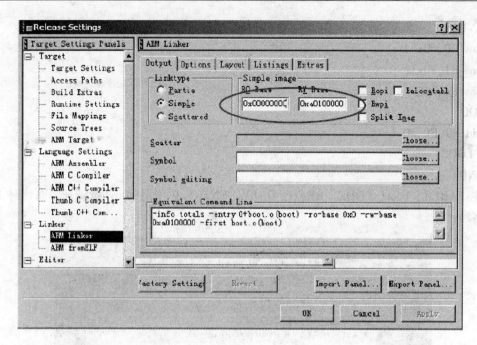

图 1-69　ADS 后处理文件窗口

2. Linux 交叉编译环境的建立

首先要在 PC 上安装虚拟机软件。安装完成后在 PC 的桌面上将出现![icon]小图标。双击此图标,启动虚拟机软件。进入虚拟机软件主界面窗口。虚拟机软件主界面窗口如图 1-70

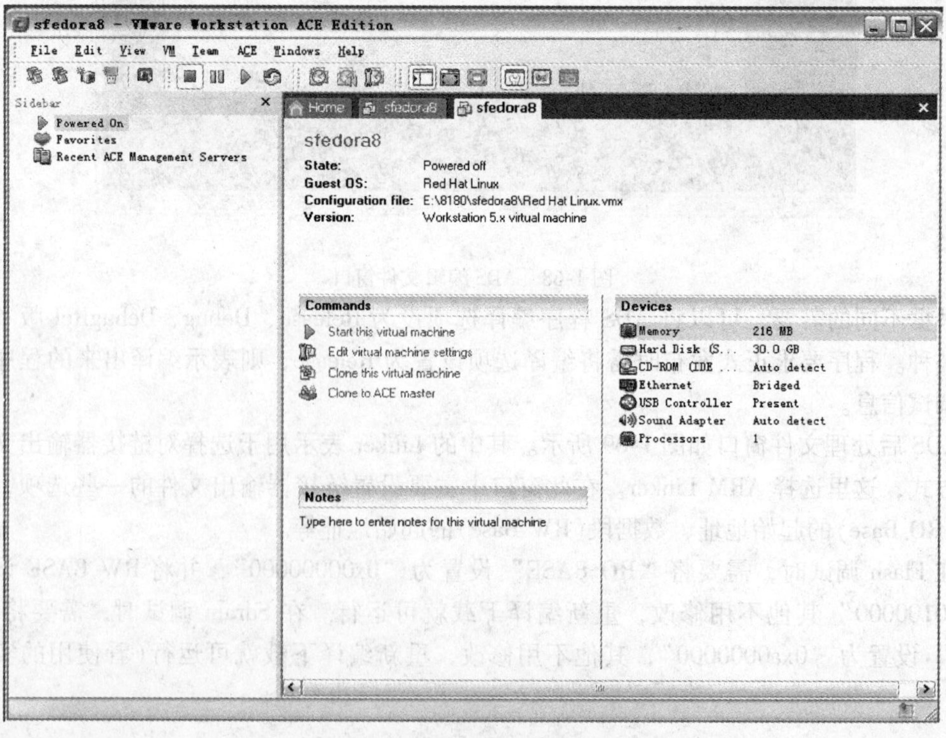

图 1-70　虚拟机软件主界面窗口

所示。

　　在虚拟机软件主界面窗口中，在"File→Open"菜单中加载 Linux 虚拟机镜像文件，然后单击绿色的"Start this virtual machine"按钮启动 Linux 虚拟机，进入 Linux 操作系统登录窗口。Linux 操作系统登录窗口如图 1-71 所示。

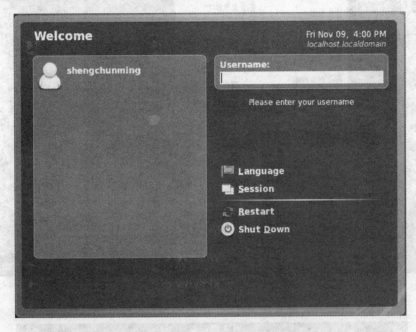

图 1-71　Linux 操作系统登录窗口

　　在 Linux 操作系统登录窗口中输入用户名和密码后，Linux 操作系统将进入加载操作系统不同软件模块和驱动程序的过程。运行完成后，将进入 Linux 操作系统管理窗口。Linux 操作系统管理窗口如图 1-72 所示。

　　进入 Linux 操作系统管理窗口的"系统→管理"菜单，进行 Linux 操作系统的网络设置和服务设置等。单击"系统→管理→网络"后，进入 Linux 操作系统以太网设备设置窗口，如图 1-73 所示。将 IP 地址进行静态地址设置，按照图 1-73 所示的参考参数设置好网卡的 IP 地址(地址、子网掩码和默认网关地址参数)。

　　在 PC 上运行 AbosluteTelnet 程序，并在 AbosluteTelnet 网络连接设置窗口中设置相关的网络连接参数。AbosluteTelnet 网络连接设置窗口如图 1-74 所示，在 AbosluteTelnet 窗口中单击"连接"标签，在"连接"标签下的"SSH1"和"SSH2"子窗口中，按图 1-74 所示参数进行设置，注意主机名一定是 Linux 虚拟机设置的 IP 地址，用户名和密码一定要是 Linux 虚拟机的登录用户名和密码。经过这样设置后，AbosluteTelnet 程序就可以通过 SSH1 和 SSH2 协议与 Linux 虚拟机进行通信，在 AbosluteTelnet 窗口下就可以执行 Linux 虚拟机一些命令行的命令了。

　　AbosluteTelnet 命令行操作窗口如图 1-75 所示。在 AbosluteTelnet 命令行窗口下，完全可以像在 Linux 操作系统下的命令行窗口一样，执行 Linux 操作系统下的 Linux 命令了，如 cd、pwd、ls 等。在 AbosluteTelnet 命令行窗口下也可以对 Linux 操作系统的单板目标程序进行编译。

图 1-72　Linux 操作系统管理窗口

图 1-73　Linux 操作系统以太网设备设置窗口

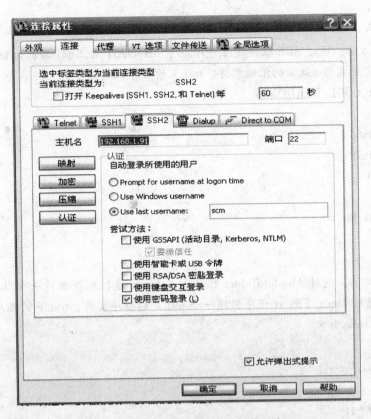

图 1-74　AbosluteTelnet 网络连接设置窗口

```
make[1]: Leaving directory `/home/scm/Work/GM8180/ver16/arm-linux-2.6/arm
arm-linux-ld -nostdlib -Bstatic -T board/cpe/armboot.lds -Ttext 0x0020000
on/libcommon.a fs/jffs2/libjffs2.a net/libnet.a disk/libdisk.a board/cpe/
libarm940t.a drivers/libdrivers.a common/libcommon.a /opt/crosstool/arm-l
arm-linux/lib/gcc/arm-linux/3.4.4/libgcc.a  -Map armboot.map -o armboot
arm-linux-objcopy  -O srec armboot armboot.srec
arm-linux-objcopy  -O ihex armboot armboot.hex
arm-linux-objcopy  -O binary armboot armboot.bin
[scm@localhost armboot-1.1.0]$ pwd
/home/scm/Work/GM8180/ver16/arm-linux-2.6/armboot-1.1.0
[scm@localhost armboot-1.1.0]$ cd ..
[scm@localhost arm-linux-2.6]$ ls
armboot-1.1.0  linux-2.6.14-fa  module  target
[scm@localhost arm-linux-2.6]$ pwd
/home/scm/Work/GM8180/ver16/arm-linux-2.6
[scm@localhost arm-linux-2.6]$ pwd
/home/scm/Work/GM8180/ver16/arm-linux-2.6
[scm@localhost arm-linux-2.6]$
```

图 1-75　AbosluteTelnet 命令行操作窗口

 想一想

1. ADS 文件和 arm-Linux-gcc 交叉编译工具分别编译什么程序？

2. 为什么要安装 Linux 虚拟机？在 Windows 下直接编译单板目标程序，行不行？

3. 为什么要通过 AbosluteTelnet 来执行 Linux 的命令而不直接在 Linux 的命令行窗口中执行相关操作命令？这样做有什么好处？

做一做

1. 按上述方法，通过 ADS 软件建立一个基于 ARM920T 的工程(名称为 test. mcp)，此工程中包含一个文件名为 test. s 的汇编程序。test. s 的程序代码如下：

```
AREA boot,CODE,READONLY
ENTRY
mov R0,#0x56
mov R1,#0x78
mov R1,R0
LOOP
    add R0,R0,#0x1
b LOOP
END
```

2. 按上述方法，通过 AbosluteTelnet 程序，在 Linux 虚拟机下新建一个/home/test 目录。并在此目录下通过 Linux 下的 vi 程序新建一个 test. c 的程序文件，test. c 的程序代码如下：

```
#include <stdio. h>
main( ){
    int  I,j,M;
    j =0;
    I = 100 * j;
    M = 100I;
    printf("j = %d\n",j);
    printf("I = %d\n",I);
    printf("M = %d\n",M);
}
```

任务 3-3　BOOT 软件启动菜单界面的修改

本任务是修改 BOOT 软件启动时的菜单界面。通过完成此项任务，了解和掌握在 ADS 下编辑、编译和调试的基本方法。

本最小系统的 BOOT 程序 rom. bin 主要是在 ADS 软件下编译生成。它包括两个工程，一个是 fLib _ ads _ 1. 2. mcp，另一个是 burnin _ ads _ 1. 2. mcp。fLib _ ads _ 1. 2. mcp 工程主要生成驱动库 fLib _ ads _ 1. 2. a，burnin _ ads _ 1. 2. mcp 主要是生成烧写在 Flash 中的 rom. bin 程序，此程序也是最小系统软件执行的初始程序。

按如下步骤来实现 BOOT 软件启动时菜单界面的修改：

1）在 F：\ 8180 \ bootloader \ GM8180 _ NonOS _ v3. 04 \ fLib \ Build 中双击 fLib _ ads _ 1. 2. mcp 文件，也可以采用在 ADS 软件下直接执行 File→Open 命令的方式打开 fLib _ ads _ 1. 2. mcp 工程文件。fLib _ ads _ 1. 2. mcp 工程包含文件示意图如图 1-76 所示。

fLib _ ads _ 1. 2. mcp 工程中包含的所有程序主要是 rom. bin 执行时所需的驱动程序，包括用 ARM 汇编程序编写的启动代码和用 C 语言编写的各硬件子模块驱动程序。参照本项目

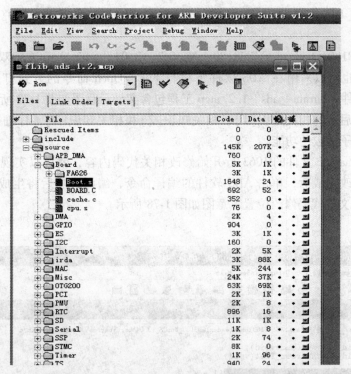

图 1-76 fLib _ ads _ 1.2. mcp 工程包含文件示意图

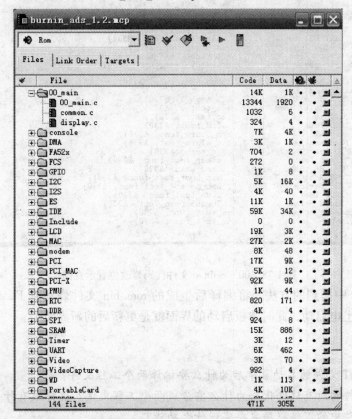

图 1-77 burnin _ ads _ 1.2. mcp 工程包含文件示意图

后面的相关知识[1]、相关知识[2]和相关知识[3]来对这些程序进行研究，了解其基本功能和流程。

2）在 F：\8180\bootloader\GM8180 _ NonOS _ v3.04\burnin\burnin 中双击 burnin _ ads _ 1.2.mcp 文件，也可以采用在 ADS 软件下执行 File→Open 命令的方式打开 burnin _ ads _ 1.2.mcp 工程文件。burnin _ ads _ 1.2.mcp 工程包含文件示意图如图 1-77 所示。

参照本项目后面的相关知识[1]、相关知识[2]和相关知识[3]，仔细研究 00 _ main.c 的程序流程和各子函数的功能。

3）从 00 _ main.c 文件的 1063 行开始修改相关代码内容，就可以实现修改 BOOT 菜单的启动界面。修改完成后，单击 ADS 软件的编译命令，编译成功后将生成新的 rom.bin 文件。00 _ main.c 文件代码修改位置示意图如图 1-78 所示。

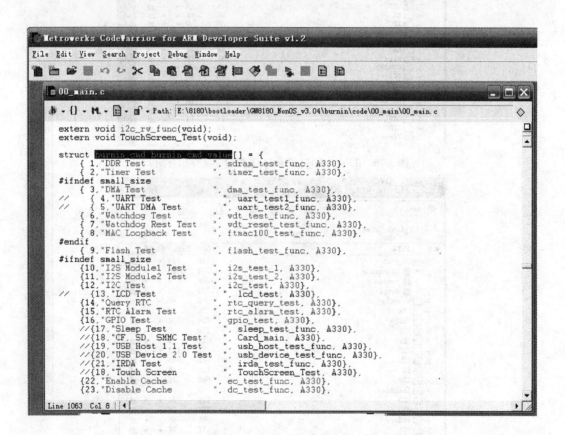

图 1-78　00 _ main.c 文件代码修改位置示意图

4）按任务 2 中提到的方法，将编译后生成的 rom.bin 文件烧写到 Flash 中。烧写完成后，重新给单板上电启动，此时单板启动的界面就是更新后的新界面了。

想一想

1. 修改 BOOT 文件的启动菜单后为什么要编译两个工程文件？

2. BOOT 文件的所有软件代码为什么要分成两个工程文件？这样做有什么好处？

3. BOOT 文件中的汇编程序主要实现什么功能？

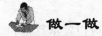

做一做

1. 按上述方法，修改完成单板启动时的菜单界面，在菜单界面下增加如下几行内容：

Hello，World！

----

2. 试画出00_main.c程序的程序流程图。

3. 试描述00_main.c程序所涉及的所有相关程序。

任务3-4 PC和最小系统间通信串口波特率的修改

本任务是修改BOOT软件中设置的PC和最小系统间通信串口波特率。通过完成此项任务，了解和掌握在ADS下编辑、编译和调试的基本方法。掌握C语言的基本语法和编程方法。

在BOOT软件中设置的PC和最小系统间通信串口波特率的文件主要涉及fLib_ads_1.2.mcp工程下的board.c和cpe.h两个文件。可以按如下步骤来进行修改。

1）在F：\8180\bootloader\GM8180_NonOS_v3.04\fLib\Build中双击fLib_ads_1.2.mcp文件，也可以采用在ADS软件下直接执行"File→Open"命令的方式来打开fLib_ads_1.2.mcp工程文件。

2）双击board.c文件，打开board.c文件并在相应的位置修改代码。board.c文件代码修改位置示意图如图1-79所示。参照本项目后面的相关知识[2]和相关知识[3]仔细研究board.c的程序流程和各子函数的功能。重点是理解fLib_HardwareInit函数和fLib_SerialInit

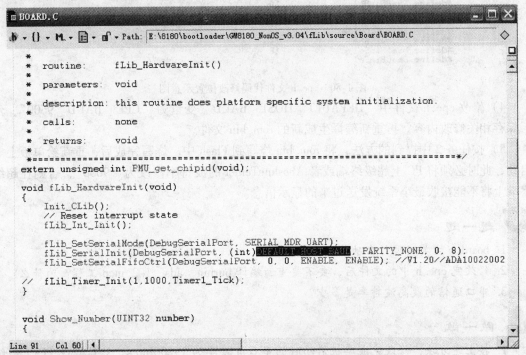

图1-79 board.c文件代码修改位置示意图

函数。

3）双击 cpe. h 文件，打开 cpe. h 文件进行编辑修改。cpe. h 文件代码修改位置示意图如图 1-80 所示。

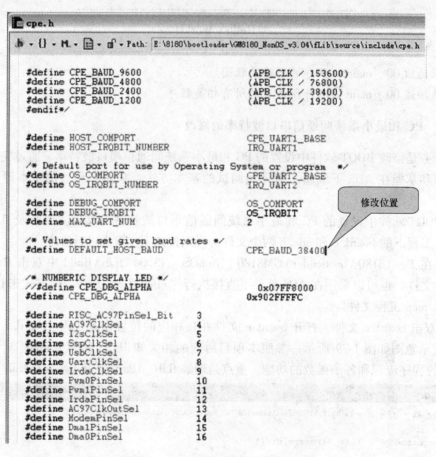

图 1-80　cpe. h 文件代码修改位置示意图

4）修改 cpe. h 文件中"DEFAULT_HOST_BAUD"变量为"CPE_BAUD_9600"，然后保存相关修改内容。再重新编译生成新的 rom. bin 文件。

5）按任务 2 中提到的方法，将 rom. bin 烧写到 Flash 中。烧写完成后，重新给单板上电启动，此时必须将 PC 上超级终端或者 AbosluteTelnet 的波特率修改为"9600"，否则在超级终端上将不能接收最小系统发送过来的显示信息。

 想一想

1. board. c 主要实现什么功能？
2. 修改完 cpe. h 中的文件后，要不要重新编译 burnin_ads_1.2. mcp 工程？为什么？
3. 串口通信的最高波特率是多少？

 做一做

1. 按上述方法，修改完成单板启动时的串口波特率为 19200bit/s，然后修改 PC 上超级终端或者 AbosluteTelnet 上的相关配置。观察单板从串口发出的信息是否能正常显示。

2. 试画出 board. c 程序的程序流程图。

3. 试描述 cpe. h 中各参数的含义。

任务 3-5 PC 和最小系统间以太网通信接口参数的修改

armboot 是具有简单操作系统的 Bootloader 程序，包含串口和以太网口驱动程序。在此任务中我们可以通过修改 GM8180 中以太网口的驱动程序，达到修改最小系统以太网口物理层地址的目的。

1）在 PC 上，双击"Vmware Workstation"图标，启动 Linux 虚拟机。Linux 虚拟机操作系统主界面如图 1-81 所示。

图 1-81 Linux 虚拟机操作系统主界面

2）通过 AbsoluteTelnet 连接虚拟机。AbsoluteTelnet 连接虚拟机示意图如图 1-82 所示。

3）在 AbsoluteTelnet 终端上进入/workdir/arm-Linux-2. 6/armboot-1. 1. 0 目录，此目录为 armboot 程序的编译路径。armboot 程序的编译路径示意图如图 1-83 所示。

4）在 AbsoluteTelnet 中通过执行"cd drivers"进入 armboot-1. 1. 0 目录下的 drivers 子目录。再执行"vi ftmac100. c"，修改 ftmac100. c 的以太网物理层地址参数。启动 ftmac100. c 文件编辑命令示意图如图 1-84 所示。

5）在 vi 程序下修改 ftmac100. c 中的 908～913 行的代码，如将 addr[5] 改为"0x00"，addr[4] 改为"0x01"，addr[3] 改为"0x02"，addr[2] 改为"0x03"，addr[1] 改为"0x04"，addr[0] 改为"0x05"。ftmac100. c 文件代码修改位置示意图如图 1-85 所示。

6）修改完毕后，再在/workdir/arm-Linux-2. 6/armboot-1. 1. 0 执行 make clean 命令，然后再执行 make 命令，此时在本目录下将生成最新的 armboot. bin 文件。armboot. bin 编译结果示意图如图 1-86 所示。

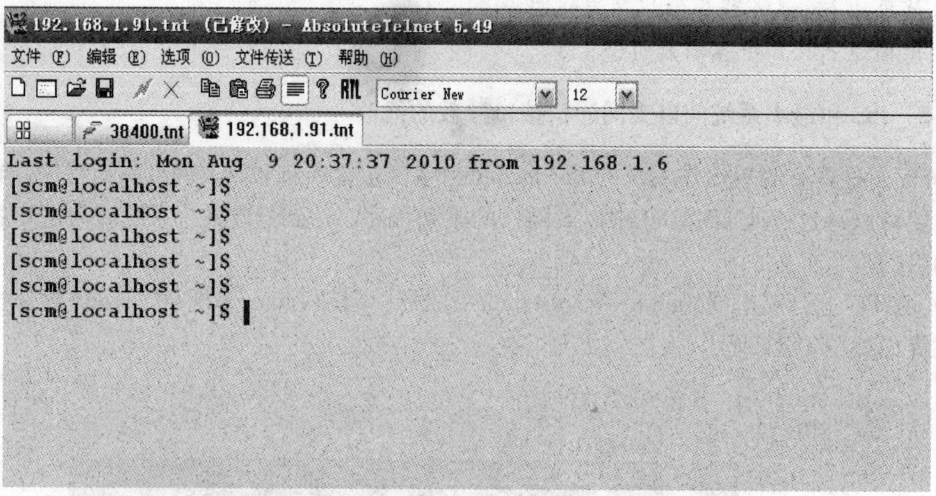

图 1-82　AbsoluteTelnet 连接虚拟机示意图

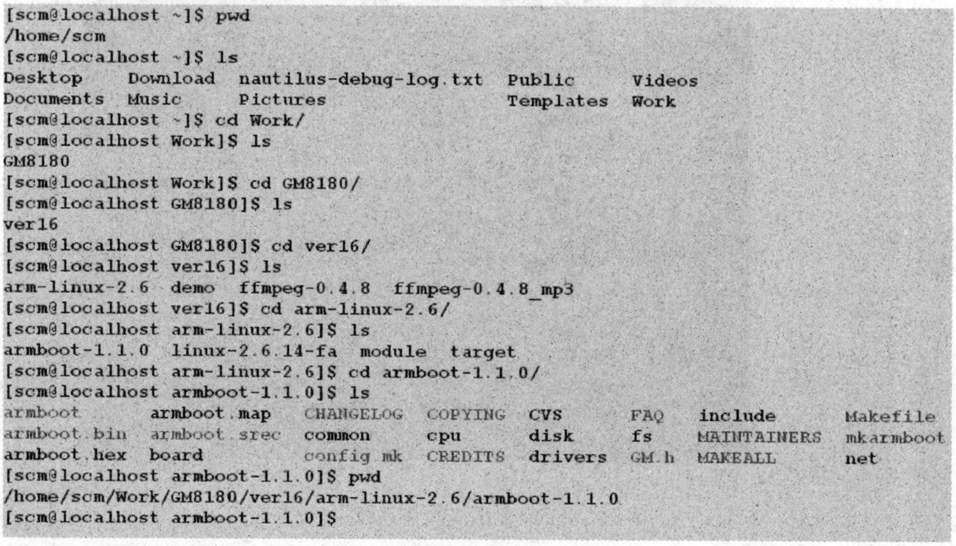

```
[scm@localhost ~]$ pwd
/home/scm
[scm@localhost ~]$ ls
Desktop    Download  nautilus-debug-log.txt  Public     Videos
Documents  Music     Pictures                Templates  Work
[scm@localhost ~]$ cd Work/
[scm@localhost Work]$ ls
GM8180
[scm@localhost Work]$ cd GM8180/
[scm@localhost GM8180]$ ls
ver16
[scm@localhost GM8180]$ cd ver16/
[scm@localhost ver16]$ ls
arm-linux-2.6  demo  ffmpeg-0.4.8  ffmpeg-0.4.8_mp3
[scm@localhost ver16]$ cd arm-linux-2.6/
[scm@localhost arm-linux-2.6]$ ls
armboot-1.1.0  linux-2.6.14-fa  module  target
[scm@localhost arm-linux-2.6]$ cd armboot-1.1.0/
[scm@localhost armboot-1.1.0]$ ls
armboot      armboot.map   CHANGELOG  COPYING  CVS      FAQ   include      Makefile
armboot.bin  armboot.srec  common     cpu      disk     fs    MAINTAINERS  mkarmboot
armboot.hex  board         config.mk  CREDITS  drivers  GM.h  MAKEALL      net
[scm@localhost armboot-1.1.0]$ pwd
/home/scm/Work/GM8180/ver16/arm-linux-2.6/armboot-1.1.0
[scm@localhost armboot-1.1.0]$
```

图 1-83　armboot 程序的编译路径示意图

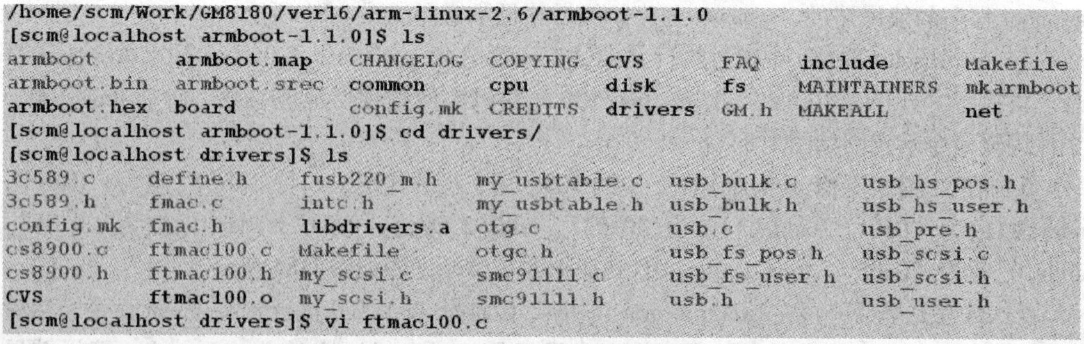

```
/home/scm/Work/GM8180/ver16/arm-linux-2.6/armboot-1.1.0
[scm@localhost armboot-1.1.0]$ ls
armboot      armboot.map   CHANGELOG  COPYING  CVS      FAQ   include      Makefile
armboot.bin  armboot.srec  common     cpu      disk     fs    MAINTAINERS  mkarmboot
armboot.hex  board         config.mk  CREDITS  drivers  GM.h  MAKEALL      net
[scm@localhost armboot-1.1.0]$ cd drivers/
[scm@localhost drivers]$ ls
3c589.c    define.h     fusb220_m.h   my_usbtable.c  usb_bulk.c     usb_hs_pos.h
3c589.h    fmac.c       intc.h        my_usbtable.h  usb_bulk.h     usb_hs_user.h
config.mk  fmac.h       libdrivers.a  otg.c          usb.c          usb_pre.h
cs8900.c   ftmac100.c   Makefile      otgc.h         usb_fs_pos.h   usb_scsi.c
cs8900.h   ftmac100.h   my_scsi.c     smc91111.c     usb_fs_user.h  usb_scsi.h
CVS        ftmac100.o   my_scsi.h     smc91111.h     usb.h          usb_user.h
[scm@localhost drivers]$ vi ftmac100.c
```

图 1-84　启动 ftmac100. c 文件编辑命令示意图

```
s = getenv(bd, "ethaddr");

if (s) {
    /* calculate the value using the flash contents */
    for (i=0; i<6; i++) {
        addr[i] = s ? simple_strtoul(s, &e, 16) : 0;
        if (s) s = (*e) ? e+1 : e;
    }
}
else{
    addr[5] = 0x00;
    addr[4] = 0x40;
    addr[3] = 0x25;
    addr[2] = 0x00;
    addr[1] = 0x00;
    addr[0] = 0x01;
}

/* update the environment */
sprintf(buf,"%x:%x:%x:%x:%x:%x", addr[0], addr[1], addr[2], addr[3], addr[4], addr[5]);

//printf("buf=%s\n", buf);
```

图 1-85　ftmac100. c 文件代码修改位置示意图

```
part_dos.o part_dos.c
part_dos.c:40:7: warning: the right operand of "&" changes sign when promoted
part_dos.c:40:7: warning: the right operand of "&" changes sign when promoted
part_dos.c:40:42: warning: the right operand of "&" changes sign when promoted
part_dos.c:40:42: warning: the right operand of "&" changes sign when promoted
arm-linux-gcc  -Os  -fno-strict-aliasing  -fno-common -msoft-float -gdwarf-2 -D__arm__  -DTEX
x00200000 -I/home/scm/Work/GM8180/ver16/arm-linux-2.6/armboot-1.1.0/include -fno-builtin -pi
cs-32 -march=armv4 -Wall -Wstrict-prototypes -I/usr/src/arm-linux-2.6/linux-2.6.14-fa/includ
 part_iso.o part_iso.c
part_iso.c:29:7: warning: the right operand of "&" changes sign when promoted
part_iso.c:29:7: warning: the right operand of "&" changes sign when promoted
part_iso.c:29:42: warning: the right operand of "&" changes sign when promoted
part_iso.c:29:42: warning: the right operand of "&" changes sign when promoted
arm-linux-ar crv libdisk.a part.o part_mac.o part_dos.o part_iso.o
a - part.o
a - part_mac.o
a - part_dos.o
a - part_iso.o
make[1]: Leaving directory `/home/scm/Work/GM8180/ver16/arm-linux-2.6/armboot-1.1.0/disk'
arm-linux-ld -nostdlib -Bstatic -T board/cpe/armboot.lds -Ttext 0x00200000  cpu/arm940t/star
on/libcommon.a fs/jffs2/libjffs2.a net/libnet.a disk/libdisk.a board/cpe/libcpe.a       cpu/
libarm940t.a drivers/libdrivers.a common/libcommon.a /opt/crosstool/arm-linux/gcc-3.4.4-glib
arm-linux/lib/gcc/arm-linux/3.4.4/libgcc.a  -Map armboot.map -o armboot
arm-linux-objcopy  -O srec armboot armboot.srec
arm-linux-objcopy  -O ihex armboot armboot.hex
arm-linux-objcopy  -O binary armboot armboot.bin
[scm@localhost armboot-1.1.0]$
```

图 1-86　armboot. bin 编译结果示意图

7) 按照任务 2 中的方法，通过编程器将 armboot. bin 烧写到 Flash 的 0xc000 处。此时就实现了将最小系统网卡的物理地址改为了 00：01：02：03：04：05。

想一想

1. ftmac100. c 主要实现什么功能？

2. 在修改 ftmac100. c 中的参数时，实际上是修改哪个芯片里的配置数据？

3. 如何将编译后的文件名称修改为 arm. bin？

做一做

1. 按上述方法，修改 PC 和最小系统以太网口的物理地址为 F0：F1：F2：F3：F4：F5。
2. 试画出 ftmac100. c 的程序流程图。

问题处理

现　　　象	可能的原因	对应的处理方法
运行 Banyan 仿真器的 Initialize 命令后，对目标板初始化不成功	1. 连线和接口错误	注意检查连线和接口的方向，尤其是 JTAG 的第 1 脚和 20Pin 扁平电缆的第 1 脚要相对应
	2. 仿真器软件运行错误	注意运行 Flash Write 程序之前要先运行 Damon 程序
	3. GM8180 硬件电路工作不正常	确认 GM8180 的 30MHz、32.768kHz、12.288MHz 晶振信号是否正常输出。如果没有的话，则需要检查外围电路
GM8180 硬件电路工作不正常，晶振信号未输出	1. GM8180 电源信号不正常	检查各 1.2V、3.3V、5V 信号是否正常，要用示波器检查电源纹波，纹波不能过大，同时还要注意电源的上电顺序
	2. GM8180 复位信号不正常	检查复位电路，看是否能正常输出 200ms 的复位信号，并最终保持在高电平上
	3. GM8180 的 JTAG 接口连接不正常	检查 JTAG 接口信号，比如 $\overline{Trst}$ 信号不能一直为低
DDR 的时钟信号未输出	1. 电源异常	检查 G2996 的 2.5V 和 1.25V 电源信号是否正常
	2. GM8180 的 DDR 外围电路异常	检查相关外围电路，看是否存在漏焊或错焊的情况
Linux 虚拟机的网络与 AbsoluteTelnet 不能连通，AbsoluteTelnet 不能正常登录	虚拟机和 AbsoluteTelnet 的网络设置不正确	注意：PC 的 IP 地址设置为 192.168.1.5 255.255.255.0 192.168.1.1 虚拟机的 eth3 设置为 192.168.1.91 255.255.255.0 192.168.1.1 注意要激活虚拟机的网口，同时要保证 PC 的网口处于激活状态
复位单板后在 AbsoluteTelnet 上没有正常的信息输出	1. 波特率设置不对	单板和 AbsoluteTelnet 的串口波特率设置要相同，都为 38400bit/s
	2. 串口线线序不对	注意要保证单板的串口输出脚与 PC 的串口输入脚连接
	3. 单板串口电路工作不正常	检查串口外围电路

（续）

现　　象	可能的原因	对应的处理方法
单板不能从 PC 通过 TFTP 下载程序到单板	1. PC 和单板的网络地址设置不正确	注意： PC 的 IP 地址设置为 192.168.1.5 255.255.255.0 192.168.1.1 单板的 IP 地址要设置为 192.168.1.14 255.255.255.0 192.168.1.1 注意要激活虚拟机的网口，同时要保证 PC 的网口处于激活状态
	2. PC 上的 TFTP 服务器程序未启动	注意要运行 PC 上的 TFTP 程序，同时要执行 START 命令
	3. 单板网络电路有问题	检查单板上网络电路

工作检验和评估

检验项目和参考评分	考核内容
撰写设计方案(15分)	1. 设计参考资料收集的完备性 2. 多媒体处理器最小系统实例硬件工作原理理解的准确性 3. 设计方案文档的质量
制作和调试最小系统硬件电路(35分)	1. 最小系统是否调试成功。BOOT 文件是否能正常烧写，串口和网口是否能正常通信 2. 硬件单板调试过程的效率和质量 3. 单板运行的稳定程度 4. 解决问题的能力和效率，以及问题的难易程度
搭建系统交叉开发环境(35分)	1. ADS 软件和 Linux 虚拟机软件是否能正常使用 2. BOOT 软件启动菜单界面是否修改成功 3. PC 和最小系统间通信串口波特率是否修改成功 4. PC 和最小系统以太网通信接口参数是否修改成功 5. 软件代码的理解程度 6. 软件流程图的正确性
其他(15分)	1. 考勤情况 2. 工作过程中的创新性 3. 工作过程中的纪律性 4. 是否能帮助其他成员解决问题 5. 工作总结报告文档的质量和借鉴性，如调试报告或案例分析报告等
合　　计	

相关知识【1】　ARM 处理器的特点和分类

1. ARM 处理器简介

ARM(Advanced RISC Machines)既可以认为是一个公司的名字，也可以认为是对一类微处理器的通称，还可以认为是一种技术的名字。

1991 年 ARM 公司成立于英国剑桥，主要出售芯片设计技术的授权。目前，采用 ARM 技术知识产权(IP)核的微处理器，即通常所说的 ARM 处理器，已遍及工业控制、消费类电子产品、通信系统、网络系统、无线系统等各类产品市场，基于 ARM 技术的微处理器应用约占据了 32 位 RISC 微处理器 75% 以上的市场份额，ARM 技术正在逐步渗入到人们生活的各个方面。

ARM 公司是专门从事基于 RISC 技术芯片设计开发的公司，作为知识产权供应商，本身不直接从事芯片生产，靠转让设计许可由合作公司生产各具特色的芯片。世界各大半导体生产商从 ARM 公司购买其设计的 ARM 处理器核，再根据各自不同的应用领域加入适当的外围电路，从而形成自己的 ARM 处理器芯片进入市场。目前，全世界有几十家大的半导体公司都使用 ARM 公司的授权，因此既使得 ARM 技术获得更多的第三方工具、制造、软件的支持，又使整个系统成本降低，使产品更容易进入市场被消费者所接受，更具有竞争力。

2. ARM 处理器的特点

采用 RISC 架构的 ARM 处理器一般具有如下特点：

1）体积小、低功耗、低成本、高性能。

2）支持 Thumb(16 位)/ARM(32 位)双指令集，能很好地兼容 8 位/16 位元器件。

3）大量使用寄存器，指令执行速度更快。

4）大多数数据操作都在寄存器中完成。

5）寻址方式灵活简单，执行效率高。

6）指令长度固定。

传统的复杂指令集计算机(Complex Instruction Set Computer,CISC)结构有其固有的缺点，即随着计算机技术的发展而不断引入新的复杂的指令集，为支持这些新增的指令，计算机的体系结构会越来越复杂。然而，在 CISC 指令集的各种指令中，其使用频率却相差悬殊，大约有 20% 的指令会被反复使用，占整个程序代码的 80%。而余下的 80% 的指令却不经常使用，在程序设计中只占 20%，显然，这种结构是不太合理的。

基于以上的不合理性，1979 年美国加州大学伯克利分校提出了精简指令集计算机(Reduced Instruction Set Computer,RISC)的概念，RISC 并非只是简单地去减少指令，而是把着眼点放在了如何使计算机的结构更加简单合理地提高运算速度上。RISC 结构优先选取使用频率最高的简单指令，避免复杂指令；将指令长度固定，使指令格式和寻址方式种类减少；以控制逻辑为主、不用或少用微码控制等措施来达到上述目的。

到目前为止，RISC 体系结构也还没有严格的定义，一般认为，RISC 体系结构应具有如下特点：

1）采用固定长度的指令格式，指令归整、简单、基本寻址方式有 2 ~ 3 种。

2）使用单周期指令，便于流水线操作执行。

3）大量使用寄存器，数据处理指令只对寄存器进行操作，只有加载/存储指令可以访问存储器，以提高指令的执行效率。

除此以外，ARM 处理器体系结构还采用了如下一些特别的技术，在保证高性能的前提下尽量缩小芯片的面积，并降低功耗：

1）所有的指令都可根据前面的执行结果决定是否被执行，从而提高指令的执行效率。

2）可用加载/存储指令批量传输数据，以提高数据的传输效率。

3）可在一条数据处理指令中同时完成逻辑处理和移位处理。

4）在循环处理中使用地址的自动增减来提高运行效率。

当然，和 CISC 架构相比较，尽管 RISC 架构有上述的优点，但决不能认为 RISC 架构就可以取代 CISC 架构，事实上，RISC 和 CISC 各有优势，而且界限并不那么明显。现代的 CPU 往往采用 CISC 的外围，内部加入了 RISC 的特性，如超长指令集 CPU 就是融合了 RISC 和 CISC 的优势，成为未来的 CPU 发展方向之一。

ARM 处理器共有 37 个寄存器，被分为若干个组（BANK），这些寄存器包括：

1）31 个通用寄存器，包括程序计数器（PC 指针），均为 32 位的寄存器。

2）6 个状态寄存器，用以标识 CPU 的工作状态及程序的运行状态，均为 32 位，目前只使用了其中的一部分。

同时，ARM 处理器又有 7 种不同的处理器模式，在每一种处理器模式下均有一组相应的寄存器与之对应。即在任意一种处理器模式下，可访问的寄存器包括 15 个通用寄存器（R0 ~ R14）、1 ~ 2 个状态寄存器和程序计数器。在所有的寄存器中，有些是在 7 种处理器模式下共用的同一个物理寄存器，而有些则是在不同的处理器模式下有不同的物理寄存器。

ARM 处理器在较新的体系结构中支持两种指令集：ARM 指令集和 Thumb 指令集。其中，ARM 指令为 32 位的长度，Thumb 指令为 16 位的长度。Thumb 指令集为 ARM 指令集的功能子集，但与等价的 ARM 代码相比较，可节省 35% 以上的存储空间，同时具备 32 位代码的所有优点。

3. ARM 处理器的分类

ARM 处理器目前包括下面几个系列，以及其他厂商基于 ARM 体系结构的处理器。除了具有 ARM 体系结构的共同特点以外，每一个系列的 ARM 处理器都有各自的特点和应用领域。

1）ARM7 系列。

2）ARM9 系列。

3）ARM9E 系列。

4）ARM10E 系列。

5）SecurCore 系列。

6）Intel 的 Xscale。

7）Intel 的 StrongARM。

其中，ARM7、ARM9、ARM9E 和 ARM10E 为四个通用处理器系列，每一个系列提供一套相对独特的性能来满足不同应用领域的需求。SecurCore 系列专门为安全要求较高的应用而设计。

相关知识【2】　ARM 处理器指令系统介绍

1. ARM 处理器的指令集概述

（1）ARM 处理器指令的分类与格式　ARM 处理器的指令集是加载/存储型的，也即指令集仅能处理寄存器中的数据，而且处理结果都要放回寄存器中，而对系统存储器的访问则需要通过专门的加载/存储指令来完成。

ARM 处理器的指令集可以分为跳转指令、数据处理指令、程序状态寄存器（PSR）处理指令、加载/存储指令、协处理器指令和异常产生指令六大类。ARM 指令及功能描述见表 1-11。

表 1-11　ARM 指令及功能描述

指　　令	功　能　描　述
ADC	带进位加法指令
ADD	加法指令
AND	逻辑与指令
B	跳转指令
BIC	位清零指令
BL	带返回的跳转指令
BLX	带返回和状态切换的跳转指令
BX	带状态切换的跳转指令
CDP	协处理器数据操作指令
CMN	比较反值指令
CMP	比较指令
EOR	异或指令
LDC	存储器到协处理器的数据传输指令
LDM	加载多个寄存器指令
LDR	存储器到寄存器的数据传输指令
MCR	从 ARM 寄存器到协处理器寄存器的数据传输指令
MLA	乘加运算指令
MOV	数据传送指令
MRC	从协处理器寄存器到 ARM 寄存器的数据传输指令
MRS	传送 CPSR 或 SPSR 的内容到通用寄存器指令
MSR	传送通用寄存器到 CPSR 或 SPSR 的指令
MUL	32 位乘法指令
MLA	32 位乘加指令
MVN	数据取反传送指令
ORR	逻辑或指令
RSB	逆向减法指令
RSC	带借位的逆向减法指令
SBC	带借位减法指令

（续）

指 令	功 能 描 述
STC	协处理器寄存器写入存储器指令
STM	批量内存字写入指令
STR	寄存器到存储器的数据传输指令
SUB	减法指令
SWI	软件中断指令
SWP	交换指令
TEQ	相等测试指令
TST	位测试指令

（2）指令的条件域 当处理器工作在 ARM 状态时，几乎所有的指令均根据 CPSR 中条件码的状态和指令的条件域有条件地执行。当指令的执行条件满足时，指令被执行，否则指令被忽略。

每一条 ARM 指令包含 4 位的条件码，位于指令的最高 4 位[31:28]。条件码共有 16 种，每种条件码可用两个字符表示，这两个字符可以添加在指令助记符的后面和指令同时使用。例如，跳转指令 B 可以加上后缀 EQ 变为 BEQ，表示相等则跳转，即当 CPSR 中的 Z 标志置位时发生跳转。

在 16 种条件标志码中，只有 15 种可以使用，第 16 种（1111）为系统保留，暂时不能使用。指令的条件码见表 1-12。

表 1-12 指令的条件码

条 件 码	助记符后缀	标 志	含 义
0000	EQ	Z 置位	相等
0001	NE	Z 清零	不相等
0010	CS	C 置位	无符号数大于或等于
0011	CC	C 清零	无符号数小于
0100	MI	N 置位	负数
0101	PL	N 清零	正数或零
0110	VS	V 置位	溢出
0111	VC	V 清零	未溢出
1000	HI	C 置位，Z 清零	无符号数大于
1001	LS	C 清零，Z 置位	无符号数小于或等于
1010	GE	N 等于 V	带符号数大于或等于
1011	LT	N 不等于 V	带符号数小于
1100	GT	Z 清零且（N 等于 V）	带符号数大于
1101	LE	Z 置位或（N 不等于 V）	带符号数小于或等于
1110	AL	忽略	无条件执行

2. ARM 指令的寻址方式

所谓寻址方式，就是处理器根据指令中给出的地址信息来寻找物理地址的方式。目前 ARM 指令系统支持如下几种常见的寻址方式。

（1）立即寻址　立即寻址也叫立即数寻址，这是一种特殊的寻址方式，操作数本身就在指令中给出，只要取出指令也就取到了操作数。这个操作数被称为立即数，对应的寻址方式也就叫做立即寻址。指令示例：

```
ADD   R0,R0,#1              ;R0←R0 + 1
ADD   R0,R0,#0x3f           ;R0←R0 + 0x3f
```

在以上两条指令中，第二个源操作数即为立即数，要求以 "#" 为前缀，对于以十六进制表示的立即数，还要求在 "#" 后加上 "0x" 或 "&"。

（2）寄存器寻址　寄存器寻址就是利用寄存器中的数值作为操作数，这种寻址方式是各类微处理器经常采用的一种方式，也是一种执行效率较高的寻址方式。指令示例：

```
ADD   R0,R1,R2             ;R0←R1 + R2
```

该指令的执行效果是将寄存器 R1 和 R2 的内容相加，其结果存放在寄存器 R0 中。

（3）寄存器间接寻址　寄存器间接寻址就是以寄存器中的值作为操作数的地址，而操作数本身存放在存储器中。指令示例：

```
ADD R0,R1,[R2]            ;R0←R1 +[R2]
LDR R0,[R1]              ;R0←[R1]
STR R0,[R1]              ;[R1]←R0
```

在第一条指令中，以寄存器 R2 的值作为操作数的地址，在存储器中取得一个操作数后与 R1 相加，结果存入寄存器 R0 中。

第二条指令将以 R1 的值为地址的存储器中的数据传送到 R0 中。

第三条指令将 R0 的值传送到以 R1 的值为地址的存储器中。

（4）基址变址寻址　基址变址寻址就是将寄存器（该寄存器一般称为基址寄存器）的内容与指令中给出的地址偏移量相加，从而得到一个操作数的有效地址。变址寻址方式常用于访问某基地址附近的地址单元。采用变址寻址方式常见的指令有以下几种形式：

```
LDR   R0,[R1,#4]          ;R0←[R1 +4]
LDR R0,[R1,#4]!           ;R0←[R1 +4]、R1←R1 +4
LDR R0,[R1],#4            ;R0←[R1]、R1←R1 +4
LDR   R0,[R1,R2]          ;R0←[R1 + R2]
```

在第一条指令中，将寄存器 R1 的内容加上 4 形成操作数的有效地址，从而取得操作数存入寄存器 R0 中。

在第二条指令中，将寄存器 R1 的内容加上 4 形成操作数的有效地址，从而取得操作数存入寄存器 R0 中，然后，R1 的内容自增 4 个字节。

在第三条指令中，以寄存器 R1 的内容作为操作数的有效地址，从而取得操作数存入寄存器 R0 中，然后，R1 的内容自增 4 个字节。

在第四条指令中，将寄存器 R1 的内容加上寄存器 R2 的内容形成操作数的有效地址，从而取得操作数存入寄存器 R0 中。

（5）多寄存器寻址　采用多寄存器寻址方式，一条指令可以完成多个寄存器值的传送。

这种寻址方式可以用一条指令完成传送最多 16 个通用寄存器的值。指令示例：

  LDMIA R0,{R1,R2,R3,R4} ;R1←[R0]

             ;R2←[R0+4]

             ;R3←[R0+8]

             ;R4←[R0+12]

  该指令的后缀 IA 表示在每次执行完加载/存储操作后，R0 按字长度增加，因此，指令可将连续存储单元的值传送到 R1 ~ R4。

  （6）相对寻址　与基址变址寻址方式相类似，相对寻址以程序计数器 PC 的当前值为基地址，指令中的地址标号作为偏移量，将两者相加之后得到操作数的有效地址。以下程序段完成子程序的调用和返回，跳转指令 BL 采用了相对寻址方式：

    BL NEXT   ;跳转到子程序 NEXT 处执行

  NEXT

    …

    MOV PC,LR   ;从子程序返回

  （7）堆栈寻址　堆栈是一种数据结构，按先进后出（First In Last Out，FILO）的方式工作，使用一个被称为堆栈指针的专用寄存器指示当前的操作位置，堆栈指针总是指向栈顶。

  当堆栈指针指向最后压入堆栈的数据时，称为满堆栈（Full Stack），而当堆栈指针指向下一个将要放入数据的空位置时，称为空堆栈（Empty Stack）。

  同时，根据堆栈的生成方式，又可以分为递增堆栈（Ascending Stack）和递减堆栈（Decending Stack），当堆栈由低地址向高地址生成时，称为递增堆栈，当堆栈由高地址向低地址生成时，称为递减堆栈。这样就有四种类型的堆栈工作方式，ARM 处理器支持这四种类型的堆栈工作方式，即：

  1）满递增堆栈：堆栈指针指向最后压入的数据，且由低地址向高地址生成。

  2）满递减堆栈：堆栈指针指向最后压入的数据，且由高地址向低地址生成。

  3）空递增堆栈：堆栈指针指向下一个将要放入数据的空位置，且由低地址向高地址生成。

  4）空递减堆栈：堆栈指针指向下一个将要放入数据的空位置，且由高地址向低地址生成。

  3. ARM 指令集

  本节对 ARM 指令集的六大类指令进行详细描述。

  （1）跳转指令　跳转指令用于实现程序流程的跳转，在 ARM 程序中有两种方法可以实现程序流程的跳转：

  方法 1：直接向程序计数器 PC 写入跳转地址值。

  方法 2：使用专门的跳转指令。

  方法 1 是指通过向程序计数器 PC 写入跳转地址值，可以实现在 4GB 的地址空间中的任意跳转。指令格式如下：

  MOV LR,PC

  本指令或其他类似的指令，可以保存将来的返回地址值，从而实现在 4GB 连续的线性地址空间的子程序调用。

　　ARM 指令集中的跳转指令可以完成从当前指令向前或向后 32MB 的地址空间的跳转，包括以下四条指令：

　　B——跳转指令。

　　BL——带返回的跳转指令。

　　BLX——带返回和状态切换的跳转指令。

　　BX——带状态切换的跳转指令。

　　1）B 指令。B 指令的格式如下：

　　B(条件)　　　目标地址

　　B 指令是最简单的跳转指令。一旦遇到一个 B 指令，ARM 处理器将立即跳转到给定的目标地址，从那里继续执行。注意存储在跳转指令中的实际值是相对当前 PC 值的一个偏移量，而不是一个绝对地址，它的值由汇编器来计算（参考寻址方式中的相对寻址）。它是 24 位有符号数，左移两位后有符号扩展为 32 位，表示的有效偏移为 26 位（前后 32MB 的地址空间）。指令示例：

　　B　Label　　　　　　　　　　　　　；程序无条件跳转到标号 Label 处执行

　　CMP　R1,#0　　　　　　　　　　　；当 CPSR 寄存器中的 z 条件码置位时,程序跳转到标号
　　　　　　　　　　　　　　　　　　　　　Label 处执行

　　BEQ　Label

　　2）BL 指令。BL 指令的格式如下：

　　BL(条件)　目标地址

　　BL 是另一个跳转指令，但跳转之前，会在寄存器 R14 中保存 PC 的当前内容，因此，可以通过将 R14 的内容重新加载到 PC 中，来返回到跳转指令之后的那个指令处执行。该指令是实现子程序调用的一个基本但常用的手段。指令示例：

　　BL　Label　　　　　　　　　　　；当程序无条件跳转到标号 Label 处执行时，同时将当前
　　　　　　　　　　　　　　　　　　　的 PC 值保存到 R14 中

　　3）BLX 指令。BLX 指令的格式如下：

　　BLX　目标地址

　　BLX 指令从 ARM 指令集跳转到指令中所指定的目标地址，并将处理器的工作状态由 ARM 状态切换到 Thumb 状态，该指令同时将 PC 的当前内容保存到寄存器 R14 中。因此，当子程序使用 Thumb 指令集，而调用者使用 ARM 指令集时，可以通过 BLX 指令实现子程序的调用和处理器工作状态的切换。同时，子程序的返回可以通过将寄存器 R14 值复制到 PC 中来完成。

　　4）BX 指令。BX 指令的格式如下：

　　BX(条件)　目标地址

　　BX 指令跳转到指令中所指定的目标地址，目标地址处的指令既可以是 ARM 指令，也可以是 Thumb 指令。

　　(2) 数据处理指令　　数据处理指令可分为数据传送指令、算术逻辑运算指令和比较指令等。数据传送指令用于在寄存器和存储器之间进行数据的双向传输。算术逻辑运算指令完成常用的算术与逻辑的运算，该类指令不但将运算结果保存在目的寄存器中，同时更新 CPSR 中的相应条件标志位。比较指令不保存运算结果，只更新 CPSR 中相应的条件标志位。

数据处理指令包括：

MOV——数据传送指令。

MVN——数据取反传送指令。

CMP——比较指令。

CMN——反值比较指令。

TST——位测试指令。

TEQ——相等测试指令。

ADD——加法指令。

ADC——带进位加法指令。

SUB——减法指令。

SBC——带借位减法指令。

RSB——逆向减法指令。

RSC——带借位的逆向减法指令。

AND——逻辑与指令。

ORR——逻辑或指令。

EOR——逻辑异或指令。

BIC——位清除指令。

1）MOV 指令。MOV 指令的格式如下：

MOV{条件}{S}　目的寄存器，源操作数

MOV 指令可完成从另一个寄存器、被移位的寄存器或将一个立即数加载到目的寄存器。其中 S 选项决定指令的操作是否影响 CPSR 中条件标志位的值，当没有 S 时，指令不更新 CPSR 中条件标志位的值。

指令示例：

MOV　R1,R0　　　　　　　;将寄存器 R0 的值传送到寄存器 R1

MOV　PC,R14　　　　　　;将寄存器 R14 的值传送到 PC,常用于子程序返回

MOV　R1,R0,LSL#3　　　　;将寄存器 R0 的值左移 3 位后传送到 R1

2）MVN 指令。MVN 指令的格式如下：

MVN{条件}{S}　目的寄存器,源操作数

MVN 指令可完成从另一个寄存器、被移位的寄存器或将一个立即数加载到目的寄存器。该指令与 MOV 指令不同之处是在传送之前按位被取反了，即把一个被取反的值传送到目的寄存器中。其中 S 决定指令的操作是否影响 CPSR 中条件标志位的值，当没有 S 时，指令不更新 CPSR 中条件标志位的值。

指令示例：

MVN　R0,#0　　　　　　　;将立即数 0 取反传送到寄存器 R0 中,完成后 R0 = -1

3）CMP 指令。CMP 指令的格式如下：

CMP{条件}　操作数 1,操作数 2

CMP 指令用于把一个寄存器的内容和另一个寄存器的内容或立即数进行比较，同时更新 CPSR 中条件标志位的值。该指令进行一次减法运算，但不存储结果，只更改条件标志位。标志位表示的是操作数 1 与操作数 2 的关系（大、小、相等），例如，当操作数 1 大于操作

数 2 时,此后的有 GT 后缀的指令将可以执行。

指令示例:

CMP　R1,R0　　　　　　　　;将寄存器 R1 的值与寄存器 R0 的值相减,并根据结果设置
　　　　　　　　　　　　　　　　CPSR 的标志位

CMP　R1,#100　　　　　　　;将寄存器 R1 的值与立即数 100 相减,并根据结果设置 CPSR
　　　　　　　　　　　　　　　　的标志位

4) CMN 指令。CMN 指令的格式如下:

CMN{条件}　操作数 1,操作数 2

CMN 指令用于把一个寄存器的内容和另一个寄存器的内容或立即数取反后进行比较,同时更新 CPSR 中条件标志位的值。该指令实际完成操作数 1 和操作数 2 相加,并根据结果更改条件标志位。

指令示例:

CMN R1,R0　　　　　　　　;将寄存器 R1 的值与寄存器 R0 的值相加,并根据结果设置
　　　　　　　　　　　　　　　　CPSR 的标志位

CMN R1,#100　　　　　　　;将寄存器 R1 的值与立即数 100 相加,并根据结果设置
　　　　　　　　　　　　　　　　CPSR 的标志位

5) TST 指令。TST 指令的格式如下:

TST{条件}　操作数 1,操作数 2

TST 指令用于把一个寄存器的内容和另一个寄存器的内容或立即数进行按位的与运算,并根据运算结果更新 CPSR 中条件标志位的值。操作数 1 是要测试的数据,而操作数 2 是一个位掩码,该指令一般用来检测是否设置了特定的位。

指令示例:

TST　R1,#%1　　　　　　　;用于测试在寄存器 R1 中是否设置了最低位(% 表示二进制
　　　　　　　　　　　　　　　　数)

TST　R1,#Oxffe　　　　　　;将寄存器 R1 的值与立即数 Oxffe 按位与,并根据结果设置
　　　　　　　　　　　　　　　　CPSR 的标志位

6) TEQ 指令。TEQ 指令的格式如下:

TEQ{条件}　操作数 1,操作数 2

TEQ 指令用于把一个寄存器的内容和另一个寄存器的内容或立即数进行按位的异或运算,并根据运算结果更新 CPSR 中条件标志位的值。该指令通常用于比较操作数 1 和操作数 2 是否相等。

指令示例:

TEQ R1,R2　　　　　　　　;将寄存器 R1 的值与寄存器 R2 的值按位异或,并根据结果
　　　　　　　　　　　　　　　　设置 CPSR 的标志位

7) ADD 指令。ADD 指令的格式如下:

ADD{条件}{S}　目的寄存器,操作数 1,操作数 2

ADD 指令用于把两个操作数相加,并将结果存放到目的寄存器中。操作数 1 应是一个寄存器,操作数 2 可以是一个寄存器、一个被移位的寄存器或者一个立即数。

指令示例:

```
ADD   R0,R1,R2          ;R0 = R1 + R2
ADD   R0,R1,#256        ;R0 = R1 + 256
ADD   R0,R2,R3,LSL#1    ;R0 = R2 + (R3 ≪ 1)
```

8）ADC 指令。ADC 指令的格式如下：

ADC{条件}{S}   目的寄存器,操作数 1,操作数 2

ADC 指令用于把两个操作数相加，再加一个 CPSR 中的 C 条件标志位的值，并将结果存放到目的寄存器中。它使用一个进位标志位，这样就可以进行超过 32 位的数的加法运算，注意不要忘记设置 S 后缀来更改进位标志。操作数 1 应是一个寄存器，操作数 2 可以是一个寄存器、一个被移位的寄存器或者一个立即数。

以下指令序列完成两个 128 位数的加法，第一个数由高到低存放在寄存器 R7 ~ R4 中，第二个数由高到低存放在寄存器 R11 ~ R8 中，运算结果由高到低存放在寄存器 R3 ~ R0 中。

```
ADDS   R0,R4,R8         ;加低端的字
ADCS   R1,R5,R9         ;加第二个字,带进位
ADCS   R2,R6,R10        ;加第三个字,带进位
ADC    R3,R7,R11        ;加第四个字,带进位
```

9）SUB 指令。SUB 指令的格式如下：

SUB{条件}{S}   目的寄存器,操作数 1,操作数 2

SUB 指令用于把操作数 1 减去操作数 2，并将结果存放到目的寄存器中。操作数 1 应是一个寄存器，操作数 2 可以是一个寄存器、一个被移位的寄存器或者一个立即数。该指令可用于有符号数或无符号数的减法运算。

指令示例：

```
SUB   R0,R1,R2          ;R0 = R1 - R2
SUB   R0,R1,#256        ;R0 = R1 - 256
SUB   R0,R2,R3,LSL#1    ;R0 = R2 - (R3 ≪ 1)
```

10）SBC 指令。SBC 指令的格式如下：

SBC{条件}{S}   目的寄存器,操作数 1,操作数 2

SBC 指令用于把操作数 1 减去操作数 2，再减去 CPSR 中的 C 条件标志位的反码，并将结果存放到目的寄存器中。操作数 1 应是一个寄存器，操作数 2 可以是一个寄存器、一个被移位的寄存器或者一个立即数。该指令使用进位标志来表示借位，这样就可以进行超过 32 位的数的减法运算，注意不要忘记设置 S 后缀来更改进位标志。该指令可用于有符号数或无符号数的减法运算。

指令示例：

```
SBC   R0,R1,R2          ;R0 = R1 - R2 - !C,并根据结果设置 CPSR 的进位标志位
```

11）RSB 指令。RSB 指令的格式如下：

RSB{条件}{S}   目的寄存器,操作数 1,操作数 2

RSB 指令称为逆向减法指令，用于把操作数 2 减去操作数 1，并将结果存放到目的寄存器中。操作数 1 应是一个寄存器，操作数 2 可以是一个寄存器、一个被移位的寄存器或者一个立即数。该指令可用于有符号数或无符号数的减法运算。

指令示例：

```
RSB   R0,R1,R2          ;R0 = R2 – R1
RSB   R0,R1,#256        ;R0 = 256 – R1
RSB   R0,R2,R3,LSL#1    ;R0 = (R3 ≪ 1) – R2
```

12）RSC 指令。RSC 指令的格式如下：

RSC{条件}{S}　目的寄存器,操作数1,操作数2

RSC 指令用于把操作数 2 减去操作数 1，再减去 CPSR 中的 C 条件标志位的反码，并将结果存放到目的寄存器中。操作数 1 应是一个寄存器，操作数 2 可以是一个寄存器、一个被移位的寄存器或者一个立即数。该指令使用进位标志来表示借位，这样就可以进行超过 32 位的数的减法运算，注意不要忘记设置 S 后缀来更改进位标志。该指令可用于有符号数或无符号数的减法运算。

指令示例：

```
RSC R0,R1,R2            ;R0 = R2 – R1 – ! C
```

13）AND 指令。AND 指令的格式如下：

AND{条件}{S}　目的寄存器,操作数1,操作数2

AND 指令用于在两个操作数上进行逻辑与运算，并把结果放置到目的寄存器中。操作数 1 应是一个寄存器，操作数 2 可以是一个寄存器、一个被移位的寄存器或者一个立即数。该指令常用于屏蔽操作数 1 的某些位。

指令示例：

```
AND   R0,R0,#3          ;该指令保持 R0 的 0、1 位,其余位清零
```

14）ORR 指令。ORR 指令的格式如下：

ORR{条件}{S}　目的寄存器,操作数1,操作数2

ORR 指令用于在两个操作数上进行逻辑或运算，并把结果放置到目的寄存器中。操作数 1 应是一个寄存器，操作数 2 可以是一个寄存器、一个被移位的寄存器或者一个立即数。该指令常用于设置操作数 1 的某些位。

指令示例：

```
ORR   R0,R0,#3          ;该指令设置 R0 的 0、1 位,其余位保持不变
```

15）EOR 指令。EOR 指令的格式如下：

EOR{条件}{S}　目的寄存器,操作数1,操作数2

EOR 指令用于在两个操作数上进行逻辑异或运算，并把结果放置到目的寄存器中。操作数 1 应是一个寄存器，操作数 2 可以是一个寄存器、一个被移位的寄存器或者一个立即数。该指令常用于反转操作数 1 的某些位。

指令示例：

```
EOR   R0,R0,#3          ;该指令反转 R0 的 0、1 位,其余位保持不变
```

16）BIC 指令。BIC 指令的格式如下：

BIC{条件}{S}　目的寄存器,操作数1,操作数2

BIC 指令用于清除操作数 1 的某些位，并把结果放置到目的寄存器中。操作数 1 应是一个寄存器，操作数 2 可以是一个寄存器、一个被移位的寄存器或者一个立即数。操作数 2 为 32 位的掩码，如果在掩码中设置了某一位，则清除这一位。未设置的掩码位保持不变。

指令示例：

BIC　R0,R0,#%1　0　11　;该指令清除 R0 中的位 0、1 和 3,其余的位保持不变

（3）乘法指令与乘加指令　ARM 处理器支持的乘法指令与乘加指令共有六条,可分为运算结果为 32 位和运算结果为 64 位两类,与前面的数据处理指令不同,指令中的所有操作数、目的寄存器必须为通用寄存器,不能对操作数使用立即数或被移位的寄存器,同时,目的寄存器和操作数 1 必须是不同的寄存器。

乘法指令与乘加指令共有以下六条:

MUL——32 位乘法指令。

MLA——32 位乘加指令。

SMULL——64 位有符号数乘法指令。

SMLAL——64 位有符号数乘加指令。

UMULL——64 位无符号数乘法指令。

UMLAL——64 位无符号数乘加指令。

1）MUL 指令。MUL 指令的格式如下:

MUL{条件}{S}　目的寄存器,操作数 1,操作数 2

MUL 指令完成操作数 1 与操作数 2 的乘法运算,并把结果放置到目的寄存器中,同时可以根据运算结果设置 CPSR 中相应的条件标志位。其中,操作数 1 和操作数 2 均为 32 位的有符号数或无符号数。

指令示例:

MUL　R0,R1,R2　　　　　;R0 = R1 × R2

MULS　R0,R1,R2　　　　;R0 = R1 × R2,同时设置 CPSR 中的相关条件标志位

2）MLA 指令。MLA 指令的格式如下:

MLA{条件}{S}　目的寄存器,操作数 1,操作数 2,操作数 3

MLA 指令完成操作数 1 与操作数 2 的乘法运算,再将乘积加上操作数 3,并把结果放置到目的寄存器中,同时可以根据运算结果设置 CPSR 中相应的条件标志位。其中,操作数 1 和操作数 2 均为 32 位的有符号数或无符号数。

指令示例:

MLA　R0,R1,R2,R3　　　;R0 = R1 × R2 + R3

MLAS　R0,R1,R2,R3　　;R0 = R1 × R2 + R3,同时设置 CPSR 中的相关条件标志位

3）SMULL 指令。SMULL 指令的格式如下:

SMULL{条件}{S}　目的寄存器 Low,目的寄存器 High,操作数 1,操作数 2

SMULL 指令完成操作数 1 与操作数 2 的乘法运算,并把结果的低 32 位放置到目的寄存器 Low 中,结果的高 32 位放置到目的寄存器 High 中,同时可以根据运算结果设置 CPSR 中相应的条件标志位。其中,操作数 1 和操作数 2 均为 32 位的有符号数。

指令示例:

SMULL　R0,R1,R2,R3　　;R0 =（R2 × R3）的低 32 位

　　　　　　　　　　　　;R1 =（R2 × R3）的高 32 位

4）SMLAL 指令。SMLAL 指令的格式如下:

SMLAL{条件}{S}　目的寄存器 Low,目的寄存器 High,操作数 1,操作数 2

SMLAL 指令完成操作数 1 与操作数 2 的乘法运算,并把结果的低 32 位同目的寄存器

Low 中的值相加后又放置到目的寄存器 Low 中，结果的高 32 位同目的寄存器 High 中的值相加后又放置到目的寄存器 High 中，同时可以根据运算结果设置 CPSR 中相应的条件标志位。其中，操作数 1 和操作数 2 均为 32 位的有符号数。

对于目的寄存器 Low，在指令执行前存放 64 位加数的低 32 位，指令执行后存放结果的低 32 位。

对于目的寄存器 High，在指令执行前存放 64 位加数的高 32 位，指令执行后存放结果的高 32 位。

指令示例：

SMLAL　R0,R1,R2,R3　　　;R0 =（R2 × R3）的低 32 位 + R0

　　　　　　　　　　　　;R1 =（R2 × R3）的高 32 位 + R1

5）UMULL 指令。UMULL 指令的格式如下：

UMULL{条件}{S}　　目的寄存器 Low,目的寄存器 High,操作数 1,操作数 2

UMULL 指令完成将操作数 1 与操作数 2 的乘法运算，并把结果的低 32 位放置到目的寄存器 Low 中，结果的高 32 位放置到目的寄存器 High 中，同时可以根据运算结果设置 CPSR 中相应的条件标志位。其中，操作数 1 和操作数 2 均为 32 位的无符号数。

指令示例：

UMULL　R0,R1,R2,R3　　;R0 =（R2 × R3）的低 32 位

　　　　　　　　　　　;R1 =（R2 × R3）的高 32 位

6）UMLAL 指令。UMLAL 指令的格式如下：

UMLAL{条件}{S}　　目的寄存器 Low,目的寄存器 High,操作数 1,操作数 2

UMLAL 指令完成将操作数 1 与操作数 2 的乘法运算，并把结果的低 32 位同目的寄存器 Low 中的值相加后又放置到目的寄存器 Low 中，结果的高 32 位同目的寄存器 High 中的值相加后又放置到目的寄存器 High 中，同时可以根据运算结果设置 CPSR 中相应的条件标志位。其中，操作数 1 和操作数 2 均为 32 位的无符号数。

对于目的寄存器 Low，在指令执行前存放 64 位加数的低 32 位，指令执行后存放结果的低 32 位。

对于目的寄存器 High，在指令执行前存放 64 位加数的高 32 位，指令执行后存放结果的高 32 位。

指令示例：

UMLAL　R0,R1,R2,R3　　;R0 =（R2 × R3）的低 32 位 + R0

　　　　　　　　　　　;R1 =（R2 × R3）的高 32 位 + R1

（4）程序状态寄存器访问指令　ARM 处理器支持程序状态寄存器访问指令，用于在程序状态寄存器和通用寄存器之间传送数据，程序状态寄存器访问指令包括以下两条：

MRS——程序状态寄存器到通用寄存器的数据传送指令。

MSR——通用寄存器到程序状态寄存器的数据传送指令。

1）MRS 指令。MRS 指令的格式如下：

MRS{条件}　　通用寄存器,程序状态寄存器（CPSR 或 SPSR）

MRS 指令用于将程序状态寄存器的内容传送到通用寄存器中。该指令一般用在以下几种情况：

① 当需要改变程序状态寄存器的内容时，可用 MRS 将程序状态寄存器的内容读入通用寄存器，修改后再写回程序状态寄存器。

② 当在异常处理或进程切换时，需要保存程序状态寄存器的值，可先用该指令读出程序状态寄存器的值，然后保存。

指令示例：

MRS　R0,CPSR

MRS　R0,SPSR

2）MSR 指令。MSR 指令的格式如下：

MSR{条件}　程序状态寄存器(CPSR 或 SPSR)_〈域〉，操作数

MSR 指令用于将操作数的内容传送到程序状态寄存器的特定域中。其中，操作数可以为通用寄存器或立即数。〈域〉用于设置程序状态寄存器中需要操作的位，32 位的程序状态寄存器可分为以下四个域：

位[31:24]为条件标志位域，用 F 表示。

位[23:16]为状态位域，用 S 表示。

位[15:8]为扩展位域，用 X 表示。

位[7:0]为控制位域，用 C 表示。

该指令通常用于恢复或改变程序状态寄存器的内容，在使用时，一般要在 MSR 指令中指明将要操作的域。

指令示例：

MSR　CPSR,R0　　　　　　　;传送 R0 的内容到 CPSR

MSR　SPSR,R0　　　　　　　;传送 R0 的内容到 SPSR

MSR　CPSR,R0　　　　　　　;传送 R0 的内容到 SPSR,但仅仅修改 CPSR 中的控制位域

（5）加载/存储指令　ARM 处理器支持加载/存储指令，用于在寄存器和存储器之间传送数据，加载指令用于将存储器中的数据传送到寄存器，存储指令则完成相反的操作。常用的加载存储指令如下：

LDR——字数据加载指令。

LDRB——字节数据加载指令。

LDRH——半字数据加载指令。

STR——字数据存储指令。

STRB——字节数据存储指令。

STRH——半字数据存储指令。

1）LDR 指令。LDR 指令的格式如下：

LDR{条件}　目的寄存器，<存储器地址>

LDR 指令用于从存储器中将一个 32 位的字数据传送到目的寄存器中。该指令通常用于从存储器中读取 32 位的字数据到通用寄存器，然后对数据进行处理。当程序计数器 PC 作为目的寄存器时，指令从存储器中读取的字数据被当做目的地址，从而可以实现程序流程的跳转。

指令示例：

LDR　R0,[R1]　　　　　　　　;将存储器地址为 R1 的字数据读入寄存器 R0

LDR	R0,[R1,R2]	;将存储器地址为 R1 + R2 的字数据读入寄存器 R0
LDR	R0,[R1,#8]	;将存储器地址为 R1 +8 的字数据读入寄存器 R0
LDR	R0,[R1,R2]!	;将存储器地址为 R1 + R2 的字数据读入寄存器 R0,并将新地址 R1 + R2 写入 R1

2）LDRB 指令。LDRB 指令的格式如下：

LDRB{条件}　B 目的寄存器,<存储器地址>

LDRB 指令用于从存储器中将一个 8 位的字节数据传送到目的寄存器中，同时将寄存器的高 24 位清零。该指令通常用于从存储器中读取 8 位的字节数据到通用寄存器，然后对数据进行处理。当程序计数器 PC 作为目的寄存器时，指令从存储器中读取的字数据被当做目的地址，从而可以实现程序流程的跳转。

指令示例：

LDRB	R0,[R1]	;将存储器地址为 R1 的字节数据读入寄存器 R0,并将 R0 的高 24 位清零。
LDRB	R0,[R1,#8]	;将存储器地址为 R1 +8 的字节数据读入寄存器 R0,并将 R0 的高 24 位清零

3）LDRH 指令。LDRH 指令的格式如下：

LDRH{条件}　目的寄存器,<存储器地址>

LDRH 指令用于从存储器中将一个 16 位的半字数据传送到目的寄存器中，同时将寄存器的高 16 位清零。该指令通常用于从存储器中读取 16 位的半字数据到通用寄存器，然后对数据进行处理。当程序计数器 PC 作为目的寄存器时，指令从存储器中读取的字数据被当做目的地址，从而可以实现程序流程的跳转。

指令示例：

LDRH	R0,[R1]	;将存储器地址为 R1 的半字数据读入寄存器 R0,并将 R0 的高 16 位清零
LDRH	R0,[R1,#8]	;将存储器地址为 R1 +8 的半字数据读入寄存器 R0,并将 R0 的高 16 位清零
LDRH	R0,[R1,R2]	;将存储器地址为 R1 + R2 的半字数据读入寄存器 R0,并将 R0 的高 16 位清零

4）STR 指令。STR 指令的格式如下：

STR{条件}　源寄存器,<存储器地址>

STR 指令用于从源寄存器中将一个 32 位的字数据传送到存储器中。该指令在程序设计中比较常用，且寻址方式灵活多样，使用方式可参考指令 LDR。

指令示例：

STR	R0,[R1],#8	;将 R0 中的字数据写入以 R1 为地址的存储器中,并将新地址 R1 +8 写入 R1
STR	R0,[R1,#8]	;将 R0 中的字数据写入以 R1 +8 为地址的存储器中

5）STRB 指令。STRB 指令的格式如下：

STRB{条件}　源寄存器,<存储器地址>

STRB 指令用于从源寄存器中将一个 8 位的字节数据传送到存储器中。该字节数据为源寄存器中的低 8 位。

指令示例：

STRB　R0,[R1]　　　　　　;将寄存器 R0 中的字节数据写入以 R1 为地址的存储器中

STRB　R0,[R1,#8]　　　　;将寄存器 R0 中的字节数据写入以 R1 + 8 为地址的存储器
　　　　　　　　　　　　　　中

6) STRH 指令。STRH 指令的格式如下：

STRH{条件}　源寄存器,<存储器地址>

STRH 指令用于从源寄存器中将一个 16 位的半字数据传送到存储器中。该半字数据为源寄存器中的低 16 位。

指令示例：

STRH　R0,[R1]　　　　　　;将寄存器 R0 中的半字数据写入以 R1 为地址的存储器中

STRH　R0,[R1,#8]　　　　;将寄存器 R0 中的半字数据写入以 R1 + 8 为地址的存储器
　　　　　　　　　　　　　　中

(6) 批量数据加载/存储指令　ARM 处理器所支持的批量数据加载/存储指令可以一次在一片连续的存储器单元和多个寄存器之间传送数据，批量加载指令用于将一片连续的存储器中的数据传送到多个寄存器，批量数据存储指令则完成相反的操作。常用的加载存储指令如下：

LDM——批量数据加载指令。

STM——批量数据存储指令。

LDM(或 STM)指令的格式如下：

LDM(或 STM){条件}{类型}基址寄存器{!},寄存器列表{^}

LDM(或 STM)指令用于从由基址寄存器所指示的一片连续存储器到寄存器列表所指示的多个寄存器之间传送数据，该指令的常见用途是将多个寄存器的内容入栈或出栈。其中，{类型}为以下几种情况：

IA——每次传送后地址加 1。

IB——每次传送前地址加 1。

DA——每次传送后地址减 1。

DB——每次传送前地址减 1。

FD——满递减堆栈。

ED——空递减堆栈。

FA——满递增堆栈。

EA——空递增堆栈。

{!}为可选后缀，若选用该后缀，则当数据传送完毕之后，将最后的地址写入基址寄存器，否则基址寄存器的内容不改变。

基址寄存器不允许为 R15，寄存器列表可以为 R0 ~ R15 的任意组合。

{^}为可选后缀，当指令为 LDM 且寄存器列表中包含 R15，选用该后缀时，表示除了正常的数据传送之外，还将 SPSR 复制到 CPSR。同时，该后缀还表示传入或传出的是用户模式下的寄存器，而不是当前模式下的寄存器。

指令示例：

STMFD　R13!,｛R0,R4-R12,LR｝　　;将寄存器列表中的寄存器(R0、R4 ~ R12、LR)存入
　　　　　　　　　　　　　　　　　　堆栈。

LDMFD　R13!,｛R0,R4-R12,PC｝　　;将堆栈内容恢复到寄存器(R0、R4 ~ R12、LR)

(7) 数据交换指令　ARM 处理器所支持的数据交换指令能在存储器和寄存器之间交换数据。数据交换指令有如下两条:

SWP——字数据交换指令。

SWPB——字节数据交换指令。

1) SWP 指令。SWP 指令的格式如下:

SWP｛条件｝　目的寄存器,源寄存器1,[源寄存器2]

SWP 指令用于将源寄存器 2 所指向的存储器中的字数据传送到目的寄存器中, 同时将源寄存器 1 中的字数据传送到源寄存器 2 所指向的存储器中。显然, 当源寄存器 1 和目的寄存器为同一个寄存器时, SWP 指令交换该寄存器和存储器的内容。

指令示例:

SWP　R0,R1,[R2]　　　　　　　;将 R2 所指向的存储器中的字数据传送到 R0,同时
　　　　　　　　　　　　　　　　将 R1 中的字数据传送到 R2 所指向的存储单元

SWP　R0,R0,[R1]　　　　　　　;该指令完成将 R1 所指向的存储器中的字数据与 R0
　　　　　　　　　　　　　　　　中的字数据交换

2) SWPB 指令。SWPB 指令的格式如下:

SWPB｛条件｝　目的寄存器,源寄存器1,[源寄存器2]

SWPB 指令用于将源寄存器 2 所指向的存储器中的字节数据传送到目的寄存器中, 目的寄存器的高 24 位清零, 同时将源寄存器 1 中的字节数据传送到源寄存器 2 所指向的存储器中。显然, 当源寄存器 1 和目的寄存器为同一个寄存器时, SWPB 指令交换该寄存器和存储器的内容。

指令示例:

SWPB　R0,R1,[R2]　　　　　　;将 R2 所指向的存储器中的字节数据传送到 R0,R0
　　　　　　　　　　　　　　　的高 24 位清零,同时将 R1 中的低 8 位数据传送到
　　　　　　　　　　　　　　　R2 所指向的存储单元

SWPB　R0,R0,[R1]　　　　　　;该指令完成将 R1 所指向的存储器中的字节数据与
　　　　　　　　　　　　　　　R0 中的低 8 位数据交换

(8) 移位指令(操作)　ARM 处理器内嵌的桶型移位器(Barrel Shifter)支持数据的各种移位操作, 移位操作在 ARM 指令集中不作为单独的指令使用, 它只能作为指令格式中的一个字段来使用, 在汇编语言中表示为指令中的选项。例如, 数据处理指令的第二个操作数为寄存器时, 就可以加入移位操作选项对它进行各种移位操作。移位操作包括如下六种类型, ASL 和 LSL 是等价的, 可以自由互换:

LSL——逻辑左移。

ASL——算术左移。

LSR——逻辑右移。

ASR——算术右移。

ROR——循环右移。

RRX——带扩展的循环右移。

1）LSL（或 ASL）指令。LSL（或 ASL）指令的格式如下：

通用寄存器，LSL（或 ASL）　操作数

LSL（或 ASL）可完成对通用寄存器中的内容进行逻辑（或算术）的左移操作，按操作数所指定的数量向左移位，低位用零来填充。其中，操作数可以是通用寄存器，也可以是立即数（0～31）。

指令示例：

MOV　R0,R1,LSL#2　　　　　　　　;将 R1 中的内容左移两位后传送到 R0 中

2）LSR 指令。LSR 指令的格式如下：

通用寄存器，LSR 操作数

LSR 可完成对通用寄存器中的内容进行右移的操作，按操作数所指定的数量向右移位，左端用零来填充。其中，操作数可以是通用寄存器，也可以是立即数（0～31）。

指令示例：

MOV　R0,R1,LSR#2　　　　　　　　;将 R1 中的内容右移两位后传送到 R0 中,左端用零
　　　　　　　　　　　　　　　　　　来填充

3）ASR 指令。ASR 指令的格式如下：

通用寄存器，ASR 操作数

ASR 可完成对通用寄存器中的内容进行右移的操作，按操作数所指定的数量向右移位，左端用第 31 位的值来填充。其中，操作数可以是通用寄存器，也可以是立即数（0～31）。

指令示例：

MOV　R0,R1,ASR#2　　　　　　　　;将 R1 中的内容右移两位后传送到 R0 中,左端用第
　　　　　　　　　　　　　　　　　　31 位的值来填充

4）ROR 指令。ROR 指令的格式如下：

通用寄存器，ROR 操作数

ROR 可完成对通用寄存器中的内容进行循环右移的操作，按操作数所指定的数量向右循环移位，左端用右端移出的位来填充。其中，操作数可以是通用寄存器，也可以是立即数（0～31）。显然，当进行 32 位的循环右移操作时，通用寄存器中的值不改变。

指令示例：

MOV　R0,R1,ROR#2　　　　　　　　;将 R1 中的内容循环右移两位后传送到 R0 中

5）RRX 指令。RRX 指令的格式如下：

通用寄存器，RRX 操作数

RRX 可完成对通用寄存器中的内容进行带扩展的循环右移的操作，按操作数所指定的数量向右循环移位，左端用进位标志位 C 来填充。其中，操作数可以是通用寄存器，也可以是立即数（0～31）。

指令示例：

MOV　R0,R1,RRX#2　　　　　　　　;将 R1 中的内容进行带扩展的循环右移两位后传送
　　　　　　　　　　　　　　　　　　到 R0 中

（9）协处理器指令　ARM 处理器可支持多达 16 个协处理器，用于各种协处理操作，在程序执行的过程中，每个协处理器只执行针对自身的协处理指令，忽略 ARM 处理器和其他

协处理器的指令。

　　ARM 的协处理器指令主要用于 ARM 处理器初始化 ARM 协处理器的数据处理操作、在 ARM 处理器的寄存器和协处理器的寄存器之间传送数据，以及在 ARM 协处理器的寄存器和存储器之间传送数据。ARM 协处理器指令包括以下五条：

CDP——协处理器数操作指令。

LDC——协处理器数据加载指令。

STC——协处理器数据存储指令。

MCR——ARM 处理器寄存器到协处理器寄存器的数据传送指令。

MRC——协处理器寄存器到 ARM 处理器寄存器的数据传送指令。

1）CDP 指令。CDP 指令的格式如下：

CDP{条件}　协处理器编码，协处理器操作码 1，目的寄存器，源寄存器 1，源寄存器 2，协处理器操作码 2

　　CDP 指令用于 ARM 处理器通知 ARM 协处理器执行特定的操作，若协处理器不能成功完成特定的操作，则产生未定义指令异常。其中协处理器操作码 1 和协处理器操作码 2 为协处理器将要执行的操作，目的寄存器和源寄存器均为协处理器的寄存器，指令不涉及 ARM 处理器的寄存器和存储器。

指令示例：

CDP P3,2,C12,C10,C3,4　　　　　　　;该指令完成协处理器 P3 的初始化

2）LDC 指令。LDC 指令的格式如下：

LDC{条件}{L}　协处理器编码，目的寄存器，[源寄存器]

　　LDC 指令用于将源寄存器所指向的存储器中的字数据传送到目的寄存器中，若协处理器不能成功完成传送操作，则产生未定义指令异常。其中，{L}选项表示指令为长读取操作，如用于双精度数据的传输。

指令示例：

LDC P3,C4,[R0]　　　　　　　　　; 将 ARM 处理器的寄存器 R0 所指向的存储器中的
　　　　　　　　　　　　　　　　　　 字数据传送到协处理器 P3 的寄存器 C4 中

3）STC 指令。STC 指令的格式如下：

STC{条件}{L}　协处理器编码，源寄存器，[目的寄存器]

　　STC 指令用于将源寄存器中的字数据传送到目的寄存器所指向的存储器中，若协处理器不能成功完成传送操作，则产生未定义指令异常。其中，{L}选项表示指令为长读取操作，如用于双精度数据的传输。

指令示例：

STC　P3,C,[R0]　　　　　　　　　　; 将协处理器 P3 的寄存器 C4 中的字数据传送到
　　　　　　　　　　　　　　　　　　　 ARM 处理器的寄存器 R0 所指向的存储器中

4）MCR 指令。MCR 指令的格式如下：

MCR{条件}　协处理器编码，协处理器操作码 1，源寄存器，目的寄存器 1，目的寄存器 2，协处理器操作码 2

　　MCR 指令用于将 ARM 处理器寄存器中的数据传送到协处理器寄存器中，若协处理器不能成功完成操作，则产生未定义指令异常。其中协处理器操作码 1 和协处理器操作码 2 为协

处理器将要执行的操作，源寄存器为 ARM 处理器的寄存器，目的寄存器 1 和目的寄存器 2 均为协处理器的寄存器。

指令示例：

MCR　P3,3,R0,C4,C5,6　　　　　　　　;该指令将 ARM 处理器寄存器 R0 中的数据传送到
　　　　　　　　　　　　　　　　　　　　协处理器 P3 的寄存器 C4 和 C5 中

5）MRC 指令。MRC 指令的格式如下：

MRC{条件}　协处理器编码,协处理器操作码 1,目的寄存器,源寄存器 1,源寄存器 2,协处理器操作码 2

MRC 指令用于将协处理器寄存器中的数据传送到 ARM 处理器寄存器中，若协处理器不能成功完成操作，则产生未定义指令异常。其中协处理器操作码 1 和协处理器操作码 2 为协处理器将要执行的操作，目的寄存器为 ARM 处理器的寄存器，源寄存器 1 和源寄存器 2 均为协处理器的寄存器。

指令示例：

MRC P3,3,R0,C4,C5,6　　　　　　　　;该指令将协处理器 P3 的寄存器中的数据传送到
　　　　　　　　　　　　　　　　　　　ARM 处理器寄存器中

(10) 异常产生指令　ARM 处理器所支持的异常指令有如下两条：

SWI——软件中断指令。

BKPT——断点中断指令。

1）SWI 指令。SWI 指令的格式如下：

SWI{条件}　24 位的立即数

SWI 指令用于产生软件中断，以便用户程序能调用操作系统的系统例程。操作系统在 SWI 的异常处理程序中提供相应的系统服务，指令中 24 位的立即数指定用户程序调用系统例程的类型，相关参数通过通用寄存器传递。当指令中 24 位的立即数被忽略时，用户程序调用系统例程的类型由通用寄存器 R0 的内容决定，同时，参数通过其他通用寄存器传递。

指令示例：

SWI　0x02　　　　　　　　　　　　　　;该指令调用操作系统编号位 02 的系统例程

2）BKPT 指令。BKPT 指令的格式如下：

BKPT　16 位的立即数

BKPT 指令产生软件断点中断，可用于程序的调试。

(11) Thumb 指令及应用　为兼容数据总线宽度为 16 位的应用系统，ARM 体系结构除了支持执行效率很高的 32 位 ARM 指令集以外，同时支持 16 位的 Thumb 指令集。Thumb 指令集是 ARM 指令集的一个子集，允许指令编码为 16 位的长度。与等价的 32 位代码相比较，Thumb 指令集在保留 32 位代码优势的同时，大大节省了系统的存储空间。

所有的 Thumb 指令都有对应的 ARM 指令，而且 Thumb 的编程模型也对应于 ARM 的编程模型，在应用程序的编写过程中，只要遵循一定的调用规则，Thumb 子程序和 ARM 子程序就可以互相调用。当处理器在执行 ARM 程序段时，称 ARM 处理器处于 ARM 工作状态；当处理器在执行 Thumb 程序段时，称 ARM 处理器处于 Thumb 工作状态。

与 ARM 指令集相比较，Thumb 指令集中的数据处理指令的操作数仍然是 32 位，指令地址也为 32 位，但 Thumb 指令集为实现 16 位的指令长度，舍弃了 ARM 指令集的一些特性，

如大多数的 Thumb 指令是无条件执行的，而几乎所有的 ARM 指令都是有条件执行的：大多数的 Thumb 数据处理指令的目的寄存器与其中一个源寄存器相同。

由于 Thumb 指令的长度为 16 位，即只用 ARM 指令一半的位数来实现同样的功能，所以，要实现特定的程序功能，所需的 Thumb 指令的条数较 ARM 指令多。在一般的情况下，Thumb 指令与 ARM 指令的时间效率和空间效率关系如下：

1）Thumb 代码所需的存储空间为 ARM 代码的 60% ~ 70%。

2）Thumb 代码使用的指令数比 ARM 代码多 30% ~ 40%。

3）若使用 32 位的存储器，ARM 代码比 Thumb 代码快约 40%。

4）若使用 16 位的存储器，Thumb 代码比 ARM 代码快 40% ~ 50%。

5）与 ARM 代码相比较，使用 Thumb 代码，存储器的功耗会降低约 30%。

显然，ARM 指令集和 Thumb 指令集各有其优点，若对系统的性能有较高要求，应使用 32 位的存储系统和 ARM 指令集，若对系统的成本及功耗有较高要求，则应使用 16 位的存储系统和 Thumb 指令集。当然，若两者结合使用，充分发挥其各自的优点，会取得更好的效果。

相关知识【3】　C 语言基本语法

1. C 语言的作用

C 语言是计算机高级语言，适合于作为系统描述语言，既可用来写系统软件，也可用来写应用软件。C 语言既不像汇编语言那样依赖计算机硬件(C 程序具有可读性和可移植性)，也不像一般高级语言那样难以实现汇编语言的某些功能(C 语言可以直接对硬件进行操作)，所以说 C 语言是一种既具有一般高级语言特性、又具有低级语言特性的语言。

2. C 语言的数据类型

C 语言的数据类型总结示意图如图 1-87 所示。

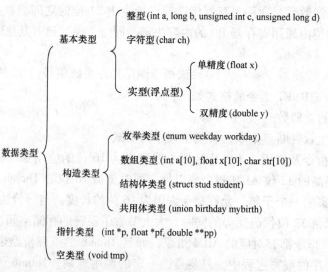

图 1-87　C 语言的数据类型总结示意图

3. C 语言的各种基本数据类型在内存中占据的字节数

int 类型占 2 个字节，long 类型占 4 个字节，float 类型占 4 个字节，double 类型占 8 个字节，char 类型占 1 个字节，枚举类型占 2 个字节。

4. printf 函数的使用

printf 函数的参数说明见表 1-13。

表 1-13 printf 函数的参数说明

格 式 字 符	说 明
D、ld、i	以带符号的十进制形式输出整数(正数不输出符号)
o	以八进制无符号形式输出整数(不输出前导符0)
x	以十六进制无符号形式输出整数(不输出前导符0x)
u	以无符号十进制形式输出整数
c	以字符形式输出,只输出一个字符
s	输出字符串
f、lf	以小数形式输出单、双精度数,隐含输出6位小数

5. scanf 函数的使用

scanf 函数的参数说明见表 1-14。

表 1-14 scanf 函数的参数说明

格 式 字 符	说 明
d、ld、i	用来输入有符号的十进制整数
u	用来输入无符号的十进制整数
o	用来输入无符号的八进制整数
x	用来输入无符号的十六进制整数
c	用来输入单个字符
s	用来输入字符串,将字符串送到一个字符数组中,在输入时以非空白字符开始,以第一个空白字符结束
f、lf	用来输入实数,可以用小数形式或指数形式输入

6. 程序算法的三种基本结构

C 语言程序结构主要包括顺序结构、选择结构和循环结构。

(1) 顺序结构 顺序结构流程图如图 1-88a 所示。其中 A 和 B 两个框是顺序执行的,即在执行完 A 框所指定的操作后,必然接着执行 B 框所指定的操作。

(2) 选择结构(分支结构) 选择结构流程图如图 1-88b 所示,此结构中必包含一个判

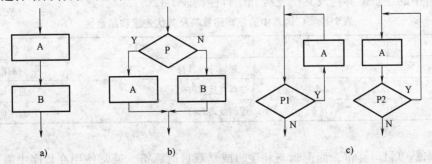

图 1-88　C 语言程序流程图

断框。根据给定的条件 P 是否成立而选择执行 A 框或 B 框。

（3）循环结构(重复结构)　循环结构流程图如图 1-88c 所示，只要满足条件 P1 或 P2，则 A 框中所指定的程序段将被重复执行。

7. C 语言的单目运算符及其优先级和结合性

C 语言中的单目运算符及其优先级和结合性见表 1-15。

表 1-15　C 语言中的单目运算符及其优先级和结合性

优 先 级	运 算 符	含　义	结 合 方 向
2	!	逻辑非运算符	自右至左
	~	按位取反运算符	
	+ +	自增运算符	
	– –	自减运算符	
	–	负号运算符	
	（类型）	类型转换运算符	
	*	指针运算符	
	—	取地址运算符	
	sizeof	长度运算符	

单目运算符的优先级均为 2，结合方向均为自右至左。

8. C 语言中的关系运算符及其优先级和结合性

C 语言中的关系运算符及其优先级和结合性见表 1-16。

表 1-16　C 语言中的关系运算符及其优先级和结合性

优 先 级	运 算 符	含　义	结 合 方 向
6	<、< =、>、> =	关系运算符	自左至右
7	== 、! =	等于运算符、不等于运算符	

关系运算符是双目运算符，通常使用在程序中需要设置条件的地方，如条件语句、循环语句中。关系表达式所表示的条件如果为真，则关系表达式之值为 1，否则为 0。例如：

1）if (a > = 100)　b = 1;　　else　b = 0;

2）while(a == 100)　printf("the　result　is % d. \n",a);

9. C 语言中的逻辑运算符及其优先级和结合性

C 语言中的逻辑运算符及其优先级和结合性见表 1-17。

表 1-17　C 语言中的逻辑运算符及其优先级和结合性

优 先 级	运 算 符	含　义	结 合 方 向
2	!	逻辑非运算符	自右向左
11	&&	逻辑与运算符	自左向右
12	‖	逻辑或运算符	自左向右

逻辑非是单目运算符，而逻辑与和逻辑或是双目运算符，通常使用在程序中需要设置条件的地方。逻辑表达式所表示的条件如果为真，则逻辑表达式之值为 1，否则为 0。

10. C 语言中的条件运算符、赋值运算符和逗号运算符及其优先级和结合性

C 语言中的条件运算符、赋值运算符和逗号运算符及其优先级和结合性见表 1-18。

表 1-18　C 语言中的条件运算符、赋值运算符和逗号运算符及其优先级和结合性

优 先 级	运 算 符	含 义	结 合 方 向
13	?、:	条件运算符	自右向左
14	=、+ =、- =、* =、/ =、% =	赋值运算符	自右向左
15	,	逗号运算符	自左向右

C 语言中用非零代表逻辑真，用零代表逻辑假。

11. C 语言中函数的种类

C 程序的基本组成单元是函数，一个 C 程序可由一个主函数和若干个函数构成。主函数可以调用其他函数，其他函数也可以互相调用，但是其他函数不可以调用主函数。同一个函数可以被一个或多个函数调用任意多次。

从用户使用角度看，函数可分为两种：标准函数(库函数)、用户自己定义的函数。

从函数形式看，函数也可分为两种：无参函数、有参函数。

C 程序的编译单位是源程序文件，一个源程序文件可以包含一个或若干个函数。

12. C 语言的五种语句类型

C 语言主要包括五种语句类型：控制语句、函数调用语句、表达式语句、空语句、复合语句。

13. C 语言中的控制语句

1）条件语句：if（　　）~ else ~。

2）循环语句：for（　　）~。

3）循环语句：while（　　）~。

4）循环语句：do ~ while（　　）。

5）结束本次循环语句：continue。

6）终止执行 switch 语句或循环语句：break。

7）多分支选择语句：switch。

8）转向语句：goto。

9）从函数返回语句：return。

14. 一维和二维数组的定义和使用

一维数组的定义：类型说明符　数组名[常量表达式]。

二维数组的定义：类型说明符　数组名[常量表达式][常量表达式]。

在程序中不可以给数组整体赋值，如需赋值，只能逐一进行。

15. 数组中数组名的含义

数组的数组名代表的是整个数组在内存中存放的首地址。

二维数组可以看成是若干个一维数组。

例如在“int　a[3][4]；”中，a 是一个三行四列的二维数组，可以看成是三个一维数组(a[0]、a[1]、a[2])，每一个一维数组中有四个元素。

16. 字符串结束符与常用的字符串处理函数

字符串结束符是"\ 0"。

C 语言中有如下字符串处理函数:

字符串输入函数:gets(字符数组)

字符串输出函数:puts(字符数组)

字符串连接函数:strcat(字符数组 1,字符数组 2)

字符串复制函数:strcpy(字符数组 1,字符串 2)

字符串比较函数:strcmp(字符串 1,字符串 2)

测试字符串长度函数:strlen(字符数组)

字符串小写字母换成大写字母函数:strlwr(字符串)

字符串大写字母换成小写字母函数:strupr(字符串)

17. 函数的一般定义方法

(1) 无参函数的定义形式

类型标识符　函数名(　　)

{声明部分

语句　　　}

(2) 有参函数定义的一般形式

类型标识符　函数名(形式参数表列)

{声明部分

语句　　　}

C 语言中有空函数和空语句。C 语言函数的格式和定义方法见表 1-19。

表 1-19　C 语言函数的格式和定义方法

	一　般　形　式
函数的定义	[存储类型]数据类型 函数名(类型名　形参 1,类型名　形参 2,⋯⋯){　函数体语句序列;　}
函数的调用	函数名(实参表)
函数的声明	[存储类型] 数据类型 函数名(类型名 形参 1,类型名 形参 2,⋯⋯);
函数的返回值	return(表达式); 或 return 表达式; 这是函数与调用函数之间进行数据传递的一种方式

18. 函数声明与函数的形式参数和实际参数

如果 C 程序中一个函数先使用而后定义,并且函数的类型不是 int 类型,则在调用函数前应进行函数声明。若在调用函数的函数体内声明,就只能在该函数体内声明位置之后的地方进行函数调用,在声明位置之前不能调用。若在调用函数的函数体外声明,则从声明位置开始往后的所有函数都可对该函数进行函数调用,而不必再加声明。

有关函数的形式参数和实际参数应注意如下问题:

1) 在定义函数中指定的形参,在未出现函数调用时,它们并不占内存中的存储单元。

2) 实参可以是常量、变量和表达式,但要求它们有确定的值。

3) 在被定义的函数中,必须指定形参的类型。

4) 实参与形参的类型应相同或赋值兼容。

5）实参变量对形参变量的数据传递是"值传递"，即单向传递，只能由实参传给形参，而不能由形参传回来给实参。

有参函数和无参函数：

1）有参函数是指带形式参数的函数，形式参数的作用是与调用函数进行数据传递。

2）有一类函数既不需要从调用程序取得数据，也不向调用程序传递数据，称为无参函数。

注意：

1）C语言的基本结构是函数，除了C语言编译系统提供的库函数外，用户还可以根据需要自行编制一个main()函数和任意多个子函数。main()函数和子函数的定义格式是相同的，包括函数名、函数体和形式参数。

2）形式参数可以是变量名、数组名、结构体变量名及各种类型的指针变量名，但不能是常数、表达式或数组元素。当不需要形式参数时，形参表的括号内可以是空白，也可以是void。

19. 函数的返回值与函数调用的方式

通过函数调用使主调函数能得到一个确定的值，这就是函数的返回值。

一个函数中可以有多个return语句，当执行到某个return语句时，程序的控制流程返回到调用函数，并将return语句中表达式的值作为函数值返回到调用函数。函数的返回值可以是常数、变量、表达式、结构体或指针，但不能是各种类型的数组。

函数的数据类型指的是返回到调用函数的值的类型。如果函数的数据类型与函数中return后面的表达式类型不一致，则表达式的值将被转换成函数的类型后再返回给调用函数。

函数调用的方式包括：

（1）函数语句 把函数调用作为一个语句，不要求函数带回值。

（2）函数表达式 函数出现在一个表达式中，要求函数带回一个确定的值。

（3）函数参数 函数调用作为一个函数的参数，要求函数带回一个确定的值。

函数名调用形式包括：

（1）表达式调用 函数名可以出现在允许表达式出现的任何地方，函数的返回值将参加表达式的计算。

（2）表达式语句调用 函数名作为一条独立的语句，主要用于没有或不需要通过返回值传递数据的函数的调用。

20. 函数间数据的传递

在函数调用过程中，函数之间的数据联系是由函数间的数据传递建立的。数据传递方式除了使用函数返回值方式和全局变量方式外，用得最多和最提倡使用的就是通过形参和实参之间进行数据传递实现。

它的实现过程是调用函数将实参的值传递给被调用函数的对应形参，并将程序执行的控制权交给被调用函数，即启动被调用函数运行；当被调用函数执行结束，也就是执行到return或最右的花括号（若不含return）时，将程序执行的控制权转交给调用函数。

具体的数据传递方式有两种：值传递和地址传递。函数间数据参数传递的特点见表1-20。

表 1-20　函数间数据参数传递的特点

	特　点	形参特点	实参特点
值传递	调用函数将实参的值复制(赋值)到被调用函数的对应形参中,数据传递是单向进行的。形参和实参各自占用自己的存储单元	应是变量(含简单变量、结构体变量、共用体变量等)	是对应形参类型的变量、数组元素或表达式等
地址传递	调用函数将实参的地址复制(赋值)到被调用函数的对应形参(指针)中,形参值的改变会导致实参值的相应变化,实现了数据的双向传递。形参和实参指向同一存储单元	是指针或数组名	是对应形参类型的地址、指针、数组名、函数名或函数指针

注意：传递数据时，形参和实参之间不是靠名称相同来传递，而是在对应位置之间传递。因此，形参和实参在数据类型、个数和顺序上应一一对应。

21. 函数的嵌套调用与函数的递归调用

函数的嵌套调用，就是在调用一个函数的过程中，又调用另一个函数。

函数的递归调用，就是在调用一个函数的过程中，又出现直接或间接地调用该函数本身。

注意：函数可以嵌套调用，但是不可以嵌套定义。

22. 全局变量(外部变量)与局部变量(内部变量)

在函数内定义的变量是局部变量。

在函数之外定义的变量是全局变量，全局变量可以为本文件中其他函数所共有，它的有效范围为从定义变量的位置开始到本源文件结束。

23. C 语言中各种变量的存储类别

静态存储方式是指在程序运行期间分配固定的存储空间的方式；动态存储方式则是在程序运行期间根据需要进行动态的分配存储空间的方式。C 语言中各种变量作用的区域见表 1-21。

表 1-21　C 语言中各种变量作用的区域

变量存储类别	函　数　内		函　数　外	
	作用域	存在性	作用域	存在性
自动变量和寄存器变量	√	√	×	×
静态局部变量	√	√	×	√
静态外部变量	√	√	√(只限本文件)	√
外部变量	√	√	√	√

24. 带参数的宏定义与不带参数的宏定义

不带参数的宏定义：用一个指定的标识符(即名字)来代表一个字符串。

　#define　标识符　字符串

带参数的宏定义：不仅是进行简单的字符串替换，还要进行参数替换。

#define　宏名(参数表)　字符串

25. "文件包含"处理及其操作

所谓"文件包含"处理，是指一个源文件可以将另外一个源文件的全部内容包含进来，即将另外的文件包含到本文件之中。

C 语言提供了 # include 命令用来实现"文件包含"的操作,其一般形式如下:

include "文件名"

include <文件名>

26. 指针访问各种数据结构时的基本使用方法

指针访问各种数据结构时的基本使用方法见表 1-22。

表 1-22　指针访问各种数据结构时的基本使用方法

指针访问各种 数据结构	基本数据结构 的定义格式	指针访问时的 定义格式	指针变量的赋值方法	用指针引用数 据的一般形式
指针访问变量	int a;	int * p;	p = &a;	* p
指针访问一维数组	int a[10];	int * p	p = a;或 p = &a[0];	*(p + i)
指针访问字符串	char a[10];	char * p;	p = a;	*(p + i)
指针访问二维数组 (行指针)	int a[3][4];	int (* p)[4];	p = a;或 p = a[0];或 p = &a[0][0];	*(*(p + i) + j)
指针访问二维数组 (列指针)	int a[3][4];	int * p;	p = a;或 p = a[0];或 p = &a[0][0];	*(p + i * N + j)
指针访问二维数组 (指针数组)	int a[3][4];	int * p[3];	p[i] = a[i] 或 p[i] = *(a + i) (其中 i = 0,1,2)	*(p[i] + j)
函数的指针	int fun(int a, int b){　}	int (* p)();	p = fun;	函数调用格式: (* p)(2,3);
返回指针值的函数	int fun(int a, int b){　}	int * p (int a,int b)		
指针数组		char * p[3];	比较适合于指向若干个字符串,使字 符串处理更加方便灵活	*(p[i] + j)
指向指针的指针	int * a[5]; int a;	int ** p;	p = a + i; 必须与一级指针联合使用	** p

27. 指针的定义和运算

(1) 指针的定义　指针是指变量的内存地址,是一个常量。指针变量是指存放变量内存地址的变量。

(2) 指针变量的算术运算　指针变量的算数运算格式如下:

$$px \pm n \quad px + +/ + + px \quad px - -/ - - px \quad px - py$$

$px \pm n$:将指针从当前位置向前(+ n)或回退(- n)n 个数据单位,而不是 n 个字节。显然,$px + +/ + + px$ 和 $px - -/ - - px$ 是 $px \pm n$ 的特例(n = 1)。

$px - py$:两指针之间的数据个数,而不是指针的地址之差。

$p + 1$ 与 $+ + p/p + +$ 的区别:

若 p 指向 a[0],p + 1 可以得到 a[1] 的地址,但 p 中存放的仍是 a[0] 的地址。但经过 + + p/p + + 运算后,p 中存放的是 a[1] 的地址,即 p 已经指向了 a[1],而不是指向原来的 a[0]。

（3）指针变量的关系运算　指针变量的关系运算是表示两个指针所指地址之间位置的前后关系：前者为小，后者为大。例如，如果指针 px 所指地址在指针 py 所指地址之前，则 px < py 的值为 1。

（4）指针变量的相关运算符　指针变量的相关运算符包括 * 运算符和 [ ] 运算符。* 运算符的格式：* 地址量，其中，地址量是数组元素的地址、数组名、指针变量等。[ ] 运算符（主要用来访问数组元素）的格式：地址量 [整型表达式]，其中，地址量是数组名或指向数组的指针。

这两种方法是等价的。对于一维数组 d，* (d + i) 与 d [i] 等价；对于二维数组 a，* (a + i) 与 a [i] 等价，* (* (a + i) + j) 与 a [i] [j] 及 (* (a + i)) [j] 等价。

28. 指针数组的定义与使用

一个数组，其元素均为指针类型数据，称为指针数组，即指针数组中的每一个元素都相当于一个指针变量。

类型名　* 数组名 [数组长度]；

指针数组的使用方法与一般数组类似，只要注意该数组中的每一个元素都只能是指针变量即可。用指针访问一维数组元素的各种等价形式见表 1-23。

表 1-23　用指针访问一维数组元素的各种等价形式

a[i] 的地址表示形式	a + i	&a[i]	p + i	&p[i]
用 [ ] 访问 a[i] 的值	a[i]		p[i]	
用 * 访问 a[i] 的值	* (a + i)	* &a[i]	* (p + i)	* &p[i]

一维数组地址表示及访问数据形式如图 1-89 所示。

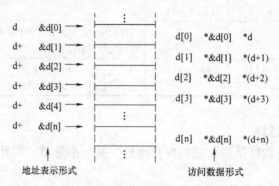

图 1-89　一维数组地址表示及访问数据形式

变量名和数组名分别作函数参数的比较见表 1-24。

表 1-24　变量名和数组名分别作函数参数的比较

实 参 类 型	变 量 名	数组名或指针变量
要求形参的类型	变量名	数组名或指针变量
传递的信息	变量的值	数组的起始地址
通过函数调用能否改变实参的值	不能	能

假设定义了二维数组 a[M][N]，用按二维数组存储结构定义的指针访问数组元素的各种等价表示形式见表 1-25。

表 1-25　用行指针访问二维数组元素的各种等价表示形式

访问 a[i][j] 的地址	&a[0][0]+i*N+j	a[0]+i*N+j	p+i*N+j	&p[i*N+j]
访问 a[i][j] 的值	*(a+i*N+j)	*(a[0]+i*N+j)	*(p+i*N+j)	p[i*N+j]

假设定义了二维数组 a[M][N]，用指针数组访问二维数组元素的各种等价表示形式见表 1-26。

表 1-26　用指针数组访问二维数组元素的各种等价表示形式

访问 a[i][j] 的地址	*(a+i)+j	a[i]+j	*(p+i)+j	p[i]+j	&p[i][j]	&a[i][j]
访问 a[i][j] 的值	*(*(a+i)+j)	*(a[i]+j)	*(*(p+i)+j)	*(p[i]+j)	p[i][j]	a[i][j]

1）列指针方式访问二维数组进行了一次访问地址运算，用指针访问一维数组也进行了一次访问地址运算，两者都是针对数组的存储结构的。关键要正确计算每一个元素在内存空间中的位置。

2）数组名、行指针或指针数组访问二维数组时则进行了二次访问地址运算。它们都是针对数组的逻辑结构的。

3）访问二维数组 a[M][N] 时，行指针和指针数组的不同点和共同点见表 1-27。

表 1-27　行指针和指针数组的不同点和共同点

指针类型	不 同 点				相 同 点	
	定义格式不同	占用的存储单元不同	初始化和赋值方式不同	指针移动的效果不同		
行指针	(*p)[N]	只占用一个 int 型变量的存储单元	p = a; 或 p = a[0]; 或 p = &a[0][0];	行指针每加 1，则在二维数组中移动一行	都是按二维数组的逻辑结构定义的	访问数组元素时都要进行两次访问地址运算	两者访问数组元素时的地址表示形式和数据访问形式完全相同
指针数组	*p[M]	要占用 M 个 int 型变量的存储单元	p[i] = a[i] 或 p[i] = *(a+i)	指针数组元素每加 1，则在它所指向的行中移动一列			

4）对二维数组 a[M][N] 而言，a+i、*(a+i)、a[i]、&a[i]、&a[i][0] 都表示该数组的第 i 行的首地址，这几种表示形式从数值上是相等的，但其含义是不同的。其中，a+i 和 &a[i] 是指向行的，它们和数组名一样并不指向具体的存储单元，所以不能试图通过对它们再进行一次访问地址运算就能访问它们的内容，因为它们没有内容；*(a+i)、a[i]、&a[i][0] 是指向列的，即指向第 i 行第 0 列的存储单元，若对它们再进行一次访问地址运算，就能访问 a[i][0] 的值。若将它们移动 j 个数据单元，就指向 a[i][j] 所在的存储单元，再进行一次访问地址运算后，就能访问 a[i][j] 的值。

29. 用指针处理字符串

1）用指针处理字符串与指针指向一维数组有许多相似之处。用指针的方式来处理字符串可以方便地完成逐个字符的引用和完整字符串的引用。

2）采用指针处理的方式完成逐个字符引用的实例如下：

char ＊ string = "I love Beijing. ";

for(i = 0; ＊ string! = '\0'; i + +) printf("%c", ＊(string + i));

（或 for(; ＊ string! = '\0'; string + +) printf("%c", ＊ string);）

3）采用指针处理的方式完成完整字符串引用的实例如下：

char ＊ string = "I love Beijing. ";

（或 char ＊ string; string = "I love Beijing. ";）

printf("%s\n", string);

可见字符指针变量克服了字符型数组不能被赋值的缺点。

30. 字符常量

字符常量(包括转义字符)在内存中是以该字符的 ASCII 码存放的。

31. C 语言中的位运算符

C 语言中的位运算符含义和优先级见表 1-28。

表 1-28　C 语言中的位运算符含义和优先级

优　先　级	运　算　符	含　　义	结　合　方　向
2	~	按位取反运算符	自右向左
8	&	按位与运算符	自左向右
9	^	按位异或运算符	自左向右
10			按位或运算符	自左向右

 思考与练习

1. 判断题

1.1　在多媒体处理器最小系统中，最终程序是在 Flash 中运行。（　　）

1.2　在多媒体处理器最小系统中，程序一般是通过串口下载到系统中运行的。（　　）

1.3　在本系统中，rom. bin 文件是通过 ADS 软件来进行编译生成的。（　　）

1.4　armboot. bin 文件是在 AbosluteTelnet 软件下编译生成的。（　　）

1.5　GM8180 的内核工作电压是 1.2V。（　　）

2. 填空题

2.1　在多媒体处理器最小系统中，程序存储器一般由＿＿＿＿＿＿组成。

2.2　在多媒体处理器最小系统中，数据存储器一般由＿＿＿＿＿＿组成。

2.3　在多媒体处理器最小系统中，UART 串口主要是用来＿＿＿＿＿＿，以太网接口主要是用来＿＿＿＿＿＿。

2.4　GM8180 内部工作的电源电压主要包括＿＿＿＿＿＿。

2.5　GM8180 内部包含＿＿＿＿＿＿路数字视频输入信号接口和＿＿＿＿＿＿路数字视频输出信号接口。

2.6 GM8180 内部包含_____路数字音频访问信号接口。

2.7 GM8180 内部包含_____个以太网访问信号接口，_____个 UART 异步串口访问信号接口。

2.8 最小系统的 DRAM 由_____片_____组成。

2.9 DDR SDRAM 芯片中RAS信号的功能是_____。

2.10 DDR SDRAM 芯片中CAS信号的功能是_____。

2.11 HY5DU121622 芯片的电源信号包括_____。

2.12 最小系统的 UART 电平转换模块由_____片_____组成。

2.13 最小系统的电源模块由_____片_____组成。

3. 思考题

3.1 为什么要安装 Linux 虚拟机？在 Windows 下直接编译单板运行程序，行不行？

3.2 为什么要通过 AbosluteTelnet 来执行 Linux 的命令行，而不直接在 Linux 的命令行窗口中执行命令行？这样做有什么好处？

3.3 在本系统中 BOOT 文件的所有软件代码为什么要分成两个工程文件？这样做有什么好处？

3.4 在本实例系统中，UART 串口通信中为什么都要进行 TTL 电平和 RS-232 电平的转换？直接将 GM8180 提供的 UART 信号连接到 PC 的 DB9 接口行不行？

3.5 DM9161 实现的功能是什么？H1102 实现的功能是什么？

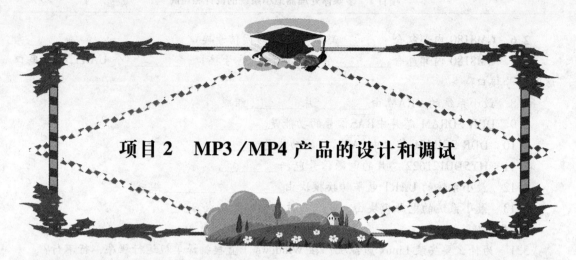

项目 2   MP3/MP4 产品的设计和调试

相对于之前的 "walkman" 随身听，MP3/MP4 不仅更精致小巧，而且容量更大，音质更好，且可以观看视频图像。因此 MP3/MP4 产品一经推出，立刻得到了广泛应用。那么 MP3/MP4 产品的工作原理是怎样的？它内部的业务处理流程又如何？MP3/MP4 电子产品的软硬件设计技巧都有哪些？如何设计一款 MP3/MP4 电子产品？通过下面的项目实施，我们将逐步介绍这些设计技术。

项目目标和要求

☆ 能理解 MP3/MP4 产品的工作原理。
☆ 能理解数字音视频接口的工作原理。
☆ 能理解音视频压缩算法的工作原理。
☆ 会测试和调试 MP3/MP4 硬件电路。
☆ 会编写和调试 MP3/MP4 应用程序。
☆ 会编写和调试 Linux 内核程序。
☆ 会编写 MP3/MP4 的硬件详细设计报告和测试报告。
☆ 能理解嵌入式电子产品设计和测试的流程和规范。

项目工作任务

☆ 撰写 MP3/MP4 产品设计方案。
☆ 分析 MP3/MP4 硬件电路工作原理。
☆ 调试 MP3/MP4 硬件电路。
☆ 建立 MP3/MP4 软件调试环境。
☆ 调试 Linux 内核代码。
☆ 调试 MP3 应用程序代码。
☆ 调试 MP4 应用程序代码。
☆ 测试 MP3/MP4 产品。

项目任务书

本项目主要分为四个子任务来完成。任务 1 是撰写设计方案，任务 2 是制作和调试 MP3/MP4 硬件电路，任务 3 是 MP3/MP4 软件代码的设计与调试，任务 4 是 MP3/MP4 产品的测试。项目 2 项目任务书见表 2-1。

表 2-1　项目 2 项目任务书

工 作 任 务	任务实施流程
任务 1　撰写设计方案	任务 1-1　接受项目任务
	任务 1-2　MP3/MP4 产品介绍
	任务 1-3　资料收集
	任务 1-4　MP3/MP4 产品实例硬件工作原理分析
	任务 1-5　撰写设计方案文档
任务 2　制作和调试 MP3/MP4 硬件电路	任务 2-1　接受工作任务
	任务 2-2　PCB 文件的识读和单板 PCBA 检查
	任务 2-3　底板电源和时钟电路的测试和调试
	任务 2-4　MP3/MP4 音频处理模块硬件电路的测试和调试
	任务 2-5　MP3/MP4 视频处理模块硬件电路的测试和调试
任务 3　MP3/MP4 软件代码的设计与调试	任务 3-1　接受工作任务
	任务 3-2　MP3/MP4 产品软件结构介绍
	任务 3-3　MP3/MP4 产品软件开发环境的建立
	任务 3-4　Linux 内核代码的调试
	任务 3-5　MP3 应用程序的调试
	任务 3-6　MP4 应用程序的调试
任务 4　MP3/MP4 产品的测试	任务 4-1　接受工作任务
	任务 4-2　MP3/MP4 产品软硬件测试的实施
	任务 4-3　撰写 MP3/MP4 产品测试报告

MP3/MP4 产品是典型的多媒体应用产品。MP3/MP4 产品的设计和调试不仅会涉及嵌入式电子系统的一些软硬件设计和调试技巧，而且也会涉及音视频的压缩编码算法。因此，MP3/MP4 产品看似小巧玲珑，实则蕴含丰富的技术含量。

本项目通过一款 MP3/MP4 产品实例的设计、调试和测试，学会常见多媒体电子产品的基本软硬件设计和调测方法。

任务 1　撰写设计方案

学习目标

☆ 能理解 MP3/MP4 产品的工作原理。

☆ 能理解数字视频接口的工作原理。

☆ 能理解数字音频接口的工作原理。

☆ 会收集 MP3/MP4 产品的硬件电路设计相关资料。

☆ 会撰写 MP3/MP4 产品单板设计方案。

工作任务

☆ 收集 MP3/MP4 产品相关处理芯片的设计资料。

☆ 分析 MP3/MP4 产品硬件电路工作原理。

☆ 撰写 MP3/MP4 产品单板设计方案。

任务 1-1　接受项目任务

本项目主要通过实际设计和调试一款 MP3/MP4 产品来介绍数码电子产品的软硬件设计和调试方法。通用 MP3/MP4 产品的内部功能框图如图 2-1 所示。

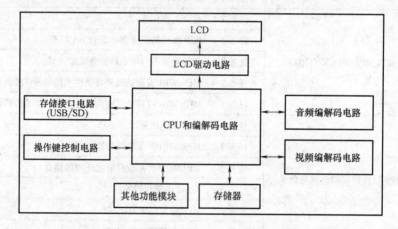

图 2-1　通用 MP3/MP4 产品的内部功能框图

其中，CPU 和编解码电路主要完成 MP3/MP4 产品内部的控制和音视频编解码功能。因为数字音频和数字视频信号的数据量很大，所以数字音频和数字视频信号必须经过压缩和解压缩处理后才能进行正常的存储和播放。

音频编解码电路主要是完成模拟音频信号和数字音频信号的 A-D 和 D-A 转换功能。视频编解码电路主要是完成模拟视频信号和数字视频信号的 A-D 和 D-A 转换功能。

存储器主要包括系统内部的动态数据存储器和静态程序存储器。动态数据存储器一般由 SDRAM 来实现。静态程序存储器一般由 Flash 来实现。

存储接口电路主要实现外部大容量存储设备的接口处理，如 USB 接口、SD 卡接口或小硬盘接口处理等。

操作键控制电路主要是进行用户输入键盘的处理，实现用户键盘矩阵的解码分析。

LCD 驱动电路和 LCD 显示屏实现 MP3/MP4 产品的液晶显示功能。

其他功能模块主要是实现普通 MP3/MP4 产品的扩展功能，如调频收音机功能模块、微型摄像头接口电路等。

任务1-2　MP3 /MP4 产品介绍

　读一读

MP3 通常指一种音乐格式，它是国际动态影像专家组(MPEG)所制定的音频视频压缩标准音频层面 3 (Moving Picture Experts Group Audio Layer 3) 的简称，是目前比较流行的一种高压缩比数字音频编码格式，它所采用的是有损压缩方式，因而音质比 CD 要差一些。

MP4 是一种采用 MPEG-4 压缩标准的多媒体格式，全称为 MPEG-4 Part 14，以存储数字音频和数字视频数据信号为主。而 MP3 播放器和 MP4 播放器则是集播放、记录(存储)等多种功能于一体的数码设备，它们通过 MPEG 编码形式实现播放、录音等多种功能，因此，MP3/MP4 播放器也称为 MP3 机和 MP4 机。

MP4 机是在 MP3 机的基础上增加了录放视频信号功能的微型数码产品，可以通过 USB 或 IEEE 1394 接口与计算机或摄像机相连接，很方便地将各种数据文件下载到设备中，并通过 LCD 和扬声器流畅地播放视频、音频以及图像文件。目前，大多数 MP4 机还带有视频转制等专业的视频功能以及非常齐全的视频输入/输出接口，可以支持 AVI、ASF、MPG、WMV 等多种视频文件格式。

MP3 机与 MP4 机虽然都是播放器，但 MP3 机主要以播放音频文件为主，而 MP4 机则主要以播放视频文件为主，MP3 机和 MP4 机的区别主要包括如下一些方面：

1) MP3 机的压缩比可以达到 1 : 12，但在人耳听起来却并没有什么失真，因为它只是将超出人耳听力范围的声音从数字音频中去掉了，而不改变最主要的声音。与 MP3 机相比，MP4 机所处理的数据量要大得多，因而所采用的压缩比更大。

2) 虽然有的 MP3 机可以播放视频文件，但它的主要功能还是播放音乐文件，播放动态图像时效果较差，并且视频文件只采用某些特定的格式，如 3GPP、MP4、AVI、ASF 等，通用性较差，音质欠佳。而 MP4 机的视频播放功能强大，播放动态图像比较流畅，可以支持网上流行的 DIVX、XVID 格式的 AVI 文件、DVD 中的 VOB 文件以及 MPEG-4、MPEG-1 文件等。

3) 视频 MP3 机和 MP4 机在显示屏上也有较明显的区别。视频 MP3 机的 LCD 尺寸一般较小，通常在 1.5in(1in = 0.0254m) 和 2.2in 之间。分辨率也较低，多为 220 × 176 像素和 320 × 240 像素。而 MP4 机的屏幕则要大得多，规格从 3.5in 到 7in 不等，视觉效果要比 MP3 机好很多，并且分辨率也有很大的提升。

4) MP4 机多附带数码拍照及摄像功能，此项功能在 MP3 机中几乎见不到。

由此可见，MP3 机与 MP4 机存在着本质的区别。

不论是传统的 MP3 机还是视频 MP3 机，其工作原理基本相似，都是通过操作键输入人工指令，并在 CPU 和解码电路的控制下，使存储器、接口电路、LCD 驱动器、USB 接口等协调工作，完成各种信息的处理。MP3 机的结构和功能示意图如图 2-2 所示。

通过 USB 接口下载网上的音乐文件并存储到 MP3 机的存储器当中，然后通过音频编解码器送到耳机接口电路中，使用者就可以通过耳机收听音乐节目。MP3 机还具有多种功能，如通过传声器电路将收集到的声音素材录制到 MP3 机中进行存储；接收 FM 收音信号，经过 CPU 和解码电路的处理，由耳机电路收听等。这些工作状态都可以通过 LCD 显示出来。

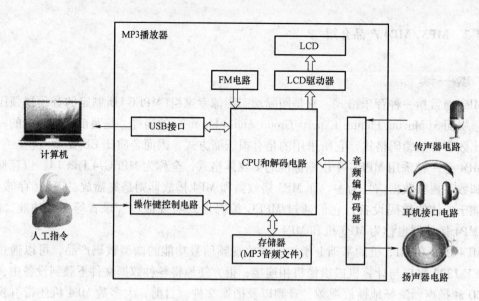

图 2-2　MP3 机的结构和功能示意图

由于 MP4 机兼容 MP3 机的功能，因此在工作原理上二者有些相似，同样需要通过操作键输入人工指令，并在 CPU 和解码电路的控制下，使存储器、接口电路、LCD 驱动器及 USB 接口等协调工作，完成各种信息的处理。MP4 机的结构和功能示意图如图 2-3 所示。

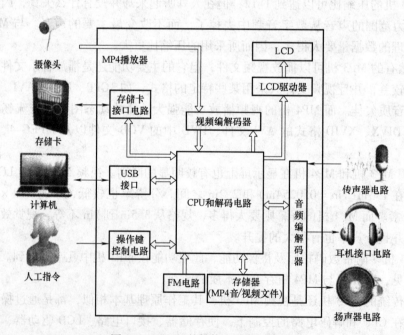

图 2-3　MP4 机的结构和功能示意图

通过 USB 接口下载网上的音/视频文件并存储到 MP4 机的存储器当中，然后通过音/视频编解码器送到耳机接口电路和 LCD 驱动器中，供用户观看视频节目。

与 MP3 机一样，MP4 机也具有录音、FM 收音等功能，但又比 MP3 机多了摄像功能，也就是通过摄像头将捕捉到的动态图像以视频文件的格式存储到存储器中，再通过 LCD 观看。另外 MP4 机可以通过存储卡扩展存储器的容量。

想一想

1. MP3 机和 MP4 机有什么不同?
2. MP3 机和 MP4 机的业务处理流程分别是什么?

任务 1-3　资料收集

MP3/MP4 播放器虽然体积很小,但架构上基本与计算机相似,拆开一台 MP3/MP4 播放器,会发现主板上有一只比较大的黑色芯片,这就是相当于计算机的 CPU 的主控芯片。主控芯片也是常说的解码芯片,就是将存储在介质上的音频和视频文件进行解码的芯片组。MP3/MP4 播放器的解码芯片多是将数字信号处理器(Digital Signal Processor,DSP)和 ARM 或 MIPS 微控制器、处理器融合在单一芯片上,目前多数 MP3/MP4 播放器芯片更是集成了如电池充电器、DC/DC 转换器、USB 电源、背光、耳机放大器和实时时钟等电路。主控芯片的高度集成,减少了其他外部电路,使得 MP3/MP4 播放器可以设计得更小巧,同时具备更强大的功能和优良的性能。

MP3/MP4 解码芯片在内部结构上实际是一种典型的 SOC(System On Chip)架构。解码芯片内部的微控制器模块 MCU 主要实现系统内部各个模块的协调工作,DSP 模块则实现数字音频和数字视频的硬压缩和解压缩的算法。下面是一些常见的 MP3/MP4 播放器的实现方案。

1. 炬力芯片方案

珠海炬力集成电路设计有限公司(以下简称炬力)的 MP3 解码芯片是目前全球采用数量最多的 MP3 主控芯片,同时也是国人的骄傲。

2003 年炬力被中国半导体行业协会评选为当年国内最具成长性的十大 IC 设计企业之一。2004 年,炬力被中国半导体行业协会评为中国十大 IC 设计企业,其 2004 年销售排名位列三甲,并于 2005 年 11 月份成功于美国 NASDAQ 上市。

炬力高度重视自主知识产权的核心技术研发与产品保护,在关键技术领域已申请多项专利,并为每个产品申请了设计版图著作权保护。

炬力在数模混合设计、高低压混合设计、低噪声/低功耗性能设计等方面已具备国际先进水平,同时具有 4 位、8 位、16 位和 32 位 CPU 以及 16 位、24 位和 32 位 DSP 自主开发设计能力。另外,炬力还具有 USB、PLL、∑A-D、D-A 等多项 IP 内核自主开发设计的能力,拥有在 MP3、G.729a、WMA、JPEG 及各种声音解压缩技术等国际标准制式方面的多项算法应用研究成果。

炬力从 2005 年开始陆续推出了 2073、2075、2085、2089、2091、2097 等一系列不断创新的芯片,特别是 2005 年的 2085,2006 年的 2091、2097 方案红极一世,占据了 MP3 主控芯片的主导地位。但因 2006 年与美国 Sigmatel 公司的纠纷影响了其在 MP4 视频芯片的发展步伐。在 2007 年炬力终于与 Sigmatel 公司达成协议,并推出了 MP4 芯片代表产品 2135 系列芯片、车载 MP3 用的 2603 系列等。

炬力 ATJ2135 解决方案采用 ATJ2135 主控芯片,属于 ATJ213 × 家族中的一个子系列,以经济实用的理念为 MP4 市场提供解决方案。该芯片内含主频 180MHz 的 32 位 MIPS 智能内核和96MHz的24位DSP音频处理器，外加应用于视频加速算法的媒体加速器内核硬件架构，软件上移植了标准开放的μC/OS操作系统，通过软件代码级的专业定制及深度优化，使得主控芯片CPU可以降频运行，即使在30帧/s@QVGA视频播放模式和游戏模拟器运行模式下，CPU也能在120MHz的低频下运行，降频的结果和SOC芯片高度集成带来了更加具有竞争力的续航时间。根据试量产样机的测试结果，使用750mA的电池能为机器提供超过6h的视频续航时间，在设置为省电模式的情况下可以提供至少20h的音频播放时间，在同类方案中具有很大优势，让用户摆脱频繁充电的烦恼。

炬力2135方案属于软件解码，支持30帧/s及其以下的QVGA分辨率XVID编码格式的AVI文件，30帧/s的播放效果清晰流畅不言而喻。该格式遵循标准XVID编码，与PC上的AVI文件相互兼容。测试表明，炬力2135方案兼容同行已经支持的视频格式，如兼容ADI、Freescale等方案的AVI文件，兼容瑞芯方案的片源，兼容Spansion方案的AVI文件，兼容奥芯的Xvid型AVI文件，这样做的结果不但可以便于用户获得片源，也有利于行业的健康发展。同时，随着网络其他新型媒体格式的普及，ATJ2135方案的客户可以添加MJPG、FLV、Flash等新兴媒体格式的解码器。

炬力2135方案在IC的音频部分的设计上也有其独到之处。首先，在ATI2135方案中最直接的体现就是音频指标，整机信噪比超过93dB，已经相当接近CD机的水平。其次，与前代芯片ATJ2097相比，2135芯片的音频电路部分提高了驱动能力，使得驱动高阻抗耳机更加游刃有余。再次，除了支持MP3、WMA、ACC、ASF、WMA、DRM等基本文件格式以外，炬力2135方案还支持直接从CD抓轨得到的高比特率WAV文件，支持无损压缩的APE、FLAC文件，还支持算法优良且编码开放的OGG文件，嵌入了SRS WOW和SRS WOW HD两种MP3音效。

2135方案支持双任务操作，使得用户在听音乐或者收听广播的同时可以看图片、玩游戏、阅读电子书，其强大的硬件性能和操作系统底层保障了两个任务可以同时运行。其次，该方案支持NES和JAVA模拟器，使得客户可以轻松开发出适合游戏的机型，以符合游戏人群的需要。

此外，炬力2135方案提供了集成的高速USB2.0接口，在继承209×技术的基础上优化操作系统和文件系统，使得原本5MB/s的下载速度再次大幅度提升，到达了超过7MB/s的水平，即使使用MLC工艺的Flash也有超过3MB/s的优异表现。5min之内就可以装满一台2GB机器的内存，大容量的音视频文件的复制不再是对使用者耐心的考验。在电路设计上，主控IC不但集成了CODEC/USB Controller/RTC/Charger等在前一代芯片已经完成的部分，而且再度优化了供电方案，甚至连屏幕背光的DC-DC IC都集成在IC内部。ATJ2135采用了LQFP128封装，保持了与2097相同的芯片面积，大大降低了生产工艺要求，加上外围元器件的高度集成和系统省电优势，真正能让客户实现"视频机也玩超薄"。

2. 凌阳芯片方案

凌阳科技股份有限公司(以下简称凌阳)是全球20大集成电路设计公司之一。它位于台北新竹科技园，主要产品是嵌入式处理器，MP3芯片是它产品线的一小部分，大家熟知的文曲星学习机就是凌阳的全资子公司。凌阳芯片在MP3/MP4、数码相框、移动电视机等相关领域均有代表性产品，凌阳MP3芯片从一开始就以性能稳定、价格便宜著称，其SP-CA514A/SPCA751A、SPA1000A系列MP3芯片占有相当一部分市场份额，其536方案可谓是 MP4 市场的一个标杆，早在 2005 年 536 方案的 MP4 就可以支持摄像头，具有 2.5in 彩屏，支持 SD 扩展卡和 TVout 和 Line-in 功能，金星 MP4 更是借助凌阳 536 芯片一举成名。而凌阳 8020 方案的数码相框芯片也是较早量产的芯片之一。2007 年凌阳更是推出了全新可携式多媒体播放器 PMP 芯片产品 SPCA5050 锁定高端市场，支持 MPEG-4/Divx 5.0 影像播放、Flash Lite 2.0 播放、游戏以及 MP3/AAC/WMA 等音频格式播放，功耗低，可支持长时间播放，还可以支持最高到 10in 的高画质液晶屏幕。除支持多种存储卡如 CF/SD/MMC 及高速 USB 接口外，该芯片还支持连接输出到 TV 与 GPS 等设备，让客户能进行差异化产品设计。

同时，凌阳还推出一款 SPMP3000 系列芯片产品，除支持 600 万像素数字相机、QVGA 色彩显示、30 帧/s@ CIF 的 MPEG-4 播放以及 MP3/WMA 播放等强大的功能之外，在支持接口方面，SPMP3000 系列可外接 NTSC/PAL TV 端，并支持 USB2.0 全速及 SD/MMC/MS/MS-Pro/NAND 读卡功能，另外，SPMP3000 系列还支持 2D 游戏。

3. 瑞芯微芯片方案

瑞芯微电子有限公司(以下简称瑞芯微)是 MP3 芯片业的一匹黑马。2006 年瑞芯微以 26 ×× 系列芯片，突然闯入竞争激烈的 MP3 芯片市场，在正式进入市场的短短半年内，一跃成为能够跟珠海炬力以及 Sigmatel 抗衡的上游方案商，其视频 MP3 芯片解决方案，甚至在我国大陆地区抢得了市场的龙头。

瑞芯微 RK26×× 系列芯片，是支持 MPEG-4 视频解码播放功能的数字音视频处理芯片，采用 0.18μm 工艺制成，可应用于带 MP4 播放功能的便携式 MP3 播放器产品。RK26×× 系列芯片采用高度集成的数模混合设计，集成了 32bit DSP core 和 16bit ADC、l8bit DAC，是开发高性价比的支持 MPEG-4 播放的便携式数字音视频播放器、数码外语学习机以及其他便携式多媒体产品的理想解决方案。RK26×× 芯片能够在较低的频率和功耗下实现 MPEG-4 格式的视频文件的解码播放，画质清晰流畅。同时，RK26×× 芯片集成了大量 I/O 控制接口，提供最大的应用灵活性。RK26×× 芯片的低功耗性能可为便携式播放器延长电池使用时间，其集成的智能锂电池充电器支持电压控制(AVC)，与同类产品相比节约了系统功耗。集成的功率管理单元包含一个高效片上 DC-DC 转换器，支持 1×AA、1×AAA、锂离子电池等多种电池配置。此外，与传统的电压控制系统相比，AVC 使芯片能以更高的峰值 CPU 作业频率操作。RK26×× 芯片支持基于微软的 DRM 10 的数字版权管理技术，同时瑞芯微的软件开发工具也特别针对 RK26×× 芯片集成了其他高级功能。RK26×× 芯片具有支持多任务处理功能，可以实现边看电子书边听音乐、边玩游戏边听音乐的功能。RK26×× 芯片集成了 USB 2.0 High Speed/Fu11 Speed PHY，传输速率更快，还集成了支持 TFT/CSTN/OLED 彩屏的控制器。

4. 阿里 ALI 芯片方案

阿里 ALI 芯片方案是由中国台湾的扬智科技股份有限公司开发的，公司的英文全称为 Acer Laboratory Inc(简称 ALI)，也是全球最大的 MP3 芯片供应商之一，其产品音质相当突出，尤其是 ALI 的最新解码芯片 ALI5661，还具有 USB2.0 接口的 MP3 + Flash Disk 控制芯片，可用于 U 盘 + MP3 播放器等解决方案，数据传输速率可以达到目前业界领先的水平，同时它还具有 OTG(On-The-Go)、高性能、高度集成化、功能丰富等特点。SONY、MPIO 等国际厂商都有采用 ALI MP3 方案的。

5. Spansion 芯片方案

美国 Spansion 公司从事闪存解决方案的设计、产品制造和供应，并与国内主要消费电子 OEM 厂商和无线手持设备制造商保持长期的合作。Spansion 公司在中国的员工人数超过了 1300 人，在苏州设有最终封装和测试厂，并在苏州和北京设有设计中心，在北京、上海和深圳设有销售和营销办公室。

2006 年，Spansion 公司与方舟科技有限公司和吉芯电子有限公司共同开发了一个面向中国市场的全新系统级 MP3/MP4 解决方案。这一解决方案针对 Spansion 闪存进行了最佳优化，以支持其在中国市场上数字音频播放器、MP3/MP4 播放器、数码录音、数码学习机以及个人媒体播放器（PMP）等产品中的使用。这一联合开发的 MP3/MP4 解决方案为其在 MP3 市场上赢得了一定的市场份额，拉升了其 Flash 产品的市场占有量。

MP3/MP4 解决方案包括方舟 SOC S2100 系列控制器，这是一个在单封装内整合了最高可在 200MHz 下运行的 ARM926EJ 内核以及 4MB 的 SpansionTM 闪存的 MP3 片上系统。该芯片主要包含如下性能指标：

1）MP3、WMA、AAC 及 MIDI 音乐。

2）MPEG-2、AVI、MPEG-4 及 H.264 视频。

3）数字相册。

4）丰富的学习机功能，包括汉英字典及电子书等。

5）高质量 24 位音频编解码器。

6）USB2.0 高速端口。

7）内置电源管理，实现低功耗运行。

8）外接存储接口，支持 MirrorBit ORNANDTM、NAND 以及其他存储接口。

6. TI 德州仪器芯片方案

MP3/MP4 中有一大部分品牌都使用 TI 的芯片，特别是在目前 MP3/MP4 和 PDA 领域，更是占据了统治地位。

作为 DSP 巨头，TI 力推基于 TI DM320 DSP 的 PMP 解决方案。TI 方案是利用 DM320DSP 进行音视频编解码处理，ARM 处理器负责系统处理及提供外围设备接口。与 Sigmatel Designs 方案一样，TI 方案支持的媒体类型非常丰富，提供多种最流行的录制压缩及播放格式，包括 MPEG-4 SP、MPEG-4 ASP、MPEG-1、MPEG-2、Divx、WMV WMA V9、QuickTime 6、H.264、AAC-LC、MP3 等。但由于 TI DM320 为纯 DSP 芯片，因此必须配合 ARM 处理器才能组成完整的解决方案，因此在成本上并不具备优势。它具有录制和播放功能，编解码能力强，更可具备 PVR 的功能（即录制和播放可双工同时进行），DM320 PMP 方案录制 MPEG-4 SP 可达到 30 帧/s@D1 的质量（DM270 录像为 30 帧/s @ VGA，即 640×480 像素），而播放不同格式的视频 DM270 和 DM320 均可达到 30 帧/s @ D1（H.264 等格式除外），方案均支持 USB2.0、HDD、SD、CF、MS 等。

DM320DSP 的优点是支持的媒体类型丰富，编解码能力强；缺点是必须配合 ARM 处理器，成本不占优势，功耗较大，不支持网络视频格式 RM、RMVB，应用处理器性能低，软件解决方案有限，需要客户做大量的软件编程工作。

由于 TI 进入市场较早，著名的 ARCHOS、众多欧美和日系数码厂商（如索尼、东芝等）基本都采用该公司的芯片。

7. Sigmatel 芯片方案

Sigmatel 公司是一家无晶圆半导体公司，成立于 1993 年，主要为便携式产品和计算机产品市场提供全面的混合信号整合电路技术，其便携式压缩音频播放器产品应用广泛，如 MP3 播放器、便携式/台式 PC、DVD 播放器、数字电视机和机顶盒等。Sigmatel 在 MP3 行业的优势尤为突出，全世界目前引用 Sigmatel 公司解决方案的 MP3 占市场的 70% 之多，可见其方案的成熟性及稳定性。

Sigmatel 是领导全球数码产品更新的方案提供商，提供大范围的混合信号集成电路或芯片，涉及的领域有便携式数码产品、数码消费产品、USB 周边设备等市场。它为人们提供优质设计、集成电路及最新最强的音频底层软件，并致力于引导世界进入未来的数字时代。Sigmatel 公司主要产品有 MP3 芯片、IrDA 芯片、AC'97 芯片和 USB Flash 芯片等产品和相关解决方案。

Sigmatel 公司最常见的解码芯片有 Sigmatel 3410 和 Sigmatel 3502/3520、3600 系列，以及 2007 年推出的 3700 系列的 MP3/MP4 芯片。2004—2005 年间，Sigmatel 公司产品的全球市场占有率达到了 70% 以上（来自 Sigmatel 官方的数据，并且指闪存式 MP3 市场，下面涉及的信息均指闪存式系列）。2005 年后又推出了 3600 系列，但在中国市场中因炬力、瑞芯微的竞争，其市场份额下滑严重。2007 年，Sigmatel 与炬力达成了专利调解协议，并推出了 3700 系列产品，希望在 MP4 领域内重新找回其领导地位。

 想一想

1. 目前比较流行的 MP3 和 MP4 机方案分别包括哪些？分别有什么特点？
2. 你或你的亲人朋友用过什么品牌的 MP3/MP4 机？内部是采用什么芯片方案？

任务 1-4　MP3/MP4 产品实例硬件工作原理分析

从上面不同品牌的 MP3/MP4 产品工作原理分析可以看出，MP3/MP4 产品主要是围绕多媒体处理器芯片来完成，由多媒体处理器芯片完成系统控制和数字音视频信号的解码功能。音视频信号的接口芯片完成数字音视频信号的数-模转换功能。存储接口模块对外提供存储设备的访问接口。

本产品实施实例主要由一块多媒体处理器最小系统和一块底板组成。多媒体处理器芯片和存储接口模块都集成在多媒体处理器最小系统上。底板上放置各种接口处理模块。多媒体处理器最小系统通过不同的访问接口和底板之间的接口来进行连接。多媒体处理器最小系统提供底板的主要电源信号、控制接口和数字音视频接口。

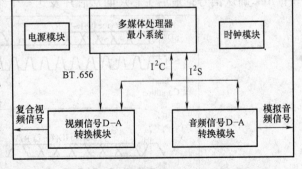

图 2-4　MP3/MP4 产品实例内部功能框图

MP3/MP4 产品实例内部功能框图如图 2-4 所示。在后面的章节中将逐一对系统中的各个电路模块的工作原理进行详细说明。

1. 接口总线介绍

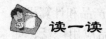 **读一读**

多媒体处理器最小系统和底板之间的连接信号主要包括电源信号、控制接口信号和数字音视频接口信号。电源信号主要包括 12V、5V 和 3.3V 电源信号。控制接口是 I^2C 接口。

（1） I^2C 接口总线介绍　I^2C 接口总线实际上已经成为一个国际标准。I^2C 接口总线主要通过两根信号线——串行数据 SDA 线和串行时钟 SCL 线在连接到总线的元器件间传递信息。每个元器件都有一个唯一的地址识别标志。无论是微控制器、LCD 驱动器存储器或键盘接口都可以作为一个发送器或接收器（由元器件的功能决定）。受制于 I^2C 接口总线的访问速度，I^2C 接口总线一般作为电子系统中的控制总线用于主控芯片访问从设备的寄存器数据。

I^2C 接口信号的起始和结束条件示意图如图 2-5 所示。在 SCL 信号为高时，当 SDA 信号由高到低跳变时，将启动一次数据传输。在 SCL 信号为高时，当 SDA 信号由低到高跳变时，将结束一次数据传输。

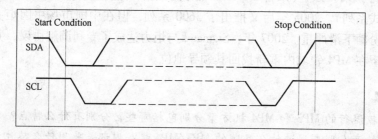

图 2-5　I^2C 接口信号的起始和结束条件示意图

I^2C 接口芯片内部寄存器读操作时序图如图 2-6 所示。首先是主芯片向从芯片发送一个启动信号；然后主芯片向从芯片发送从芯片的 I^2C 芯片地址信号，从芯片向主芯片发送一个 Ack 确认信号；接着主芯片向从芯片发送从芯片的内部寄存器地址，从芯片向主芯片发送一个 Ack 确认信号；接着主芯片向从芯片发送从芯片的 I^2C 芯片地址信号，从芯片向主芯片发送一个 Ack 确认信号；从芯片向主芯片发送内部寄存器的数据信号，主芯片向从芯片发送一个 Ack 确认信号；最后主芯片向从芯片发送一个结束信号。

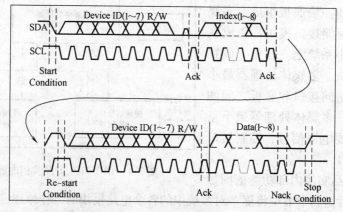

图 2-6　I^2C 接口芯片内部寄存器读操作时序图

I²C 接口芯片内部寄存器写操作时序图如图 2-7 所示。首先是主芯片向从芯片发送一个启动信号；然后主芯片向从芯片发送从芯片的 I²C 芯片地址信号，从芯片向主芯片发送一个 Ack 确认信号；接着主芯片向从芯片发送从芯片的内部寄存器地址，从芯片向主芯片发送一个 Ack 确认信号；然后主芯片向从芯片发送需要写入的寄存器数据，从芯片向主芯片发送一个 Ack 确认信号；最后主芯片向从芯片发送一个结束信号。访问结束。

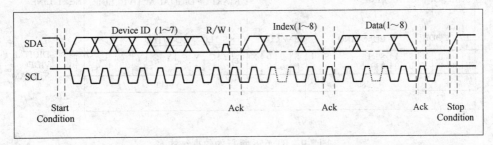

图 2-7　I²C 接口芯片内部寄存器写操作时序图

（2）数字视频接口总线介绍　数字视频接口一般常用 BT.656 接口。ITU BT.656 数字视频接口标准是在 ITU BT.601 标准基础上发展出来的一种数字传输接口标准。ITU BT.601 标准是"演播室数字电视编码参数"标准，而 ITU BT.656 标准则是 ITU BT.601 标准附件 A 中的数字接口标准，用于主要数字视频设备（包括芯片）之间采用 27MHz/s 并行接口或 243Mbit/s 串行接口的数字传输接口。

ITU BT.601 标准的制定，是向着数字电视广播系统参数统一化、标准化迈出的第一步。在该建议中，规定了 625 和 525 行系统电视中心演播室数字编码的基本参数值。ITU BT.601 标准单独规定了电视演播室的编码标准，它对彩色电视信号的编码方式、取样频率、取样结构都作了明确的规定，规定彩色电视信号采用分量编码。所谓分量编码，就是彩色全电视信号在转换成数字形式之前，先被分离成亮度信号和色差信号，然后对它们分别进行编码。分量信号（Y、B-Y、R-Y）被分别编码后，再合成数字信号。

它规定了取样频率与取样结构。例如，在 4:2:2 等级的编码中，规定亮度信号和色差信号的取样频率分别为 13.5MHz 和 6.75MHz；取样结构为正交结构，即按行、场、帧重复，每行中的 R-Y 和 B-Y 取样与奇次（1,3,5,…）Y 的取样同位置，即取样结构是固定的，取样点在电视屏幕上的相对位置不变。

它规定了编码方式。对亮度信号和两个色差信号进行线性 PCM 编码，每个取样点取 8bit 量化。同时，规定在数字编码时，不使用 A-D 转换的整个动态范围，只给亮度信号分配 220 个量化级，黑电平对应于量化级 16，白电平对应于量化级 235。为每个色差信号分配 224 个量化级，色差信号的零电平对应于量化级 128。

BT.656 并行接口除了传输 4:2:2 的 YC_bC_r 视频数据流外，还有行、列同步所用的控制信号。BT.656 完整帧的数据结构如图 2-8 所示，一帧图像数据由一个 625 行、每行 1728 字节的数据块组成。其中，23～311 行是偶数场视频数据，336～624 行是奇数场视频数据，其余为垂直控制信号。

BT.656 每行的数据结构如图 2-9 所示。每行数据包含水平

图 2-8　BT.656 完整帧
的数据结构

控制信号和 YC_bC_r 视频数据信号。视频数据信号排列顺序为 C_b-Y-C_r-Y。每行开始的 288B 为行控制信号，开始的 4B 为 EAV 信号(有效视频结束)，紧接着 280B 固定填充数据，最后是 4B 的 SAV 信号(有效视频起始)。

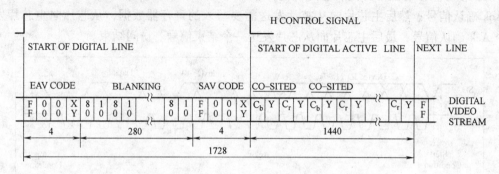

图 2-9　BT.656 每行的数据结构

SAV 和 EAV 信号有 3B 的前导：FF、00、00，最后 1B XY 表示该行位于整个数据帧的位置及如何区分 SAV、EAV。EAV/SAV 中 XY 字节各个位含义如图 2-10 所示，最高位 bit7 为固定数据 1；F = 0 表示偶数场，F = 1 表示奇数场；V = 0 表示该行为有效视频数据，V = 1 表示该行没有有效视频数据；H = 0 表示为 SAV 信号，H = 1 表示为 EAV 信号；P3 ~ P0 为保护信号，由 F、V、H 信号计算生成：P3 等于 V 异或 H，P2 等于 F 异或 H，P1 等于 F 异或 V，P0 等于 F 异或 V 异或 H。

ITU BT.656 数字视频接口在硬件上面实际上只包括 8 根信号线和一根时钟信号线。BT.656 数字视频硬件接口信号如图 2-11 所示。其中 8 根信号线 D0 ~ D7 用来传送数字视频信号，一根时钟信号线 CLK 用来传送同步信号。

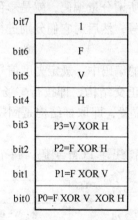

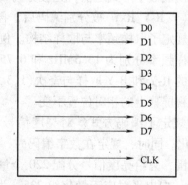

图 2-10　EAV/SAV 中 XY 字节各个位含义　　　　图 2-11　BT.656 数字视频硬件接口信号

(3) 数字音频接口总线介绍　数字音频信号接口的种类很多，比如 SPDIF 接口、AES/EBU 接口和 I^2S 接口等。应用比较广泛的是 I^2S 接口总线。

I^2S(Inter-IC Sound)接口总线是飞利浦公司为数字音频设备之间的音频数据传输而制定的一种总线标准，该总线专用于音频设备之间的数据传输，广泛应用于各种多媒体音频系统中。它采用了沿独立的导线传输时钟与数据信号的设计，通过将数据和时钟信号分离，避免了因时差诱发的失真，为用户节省了购买抵抗音频抖动的专业设备的费用。

在飞利浦公司的 I²S 标准中，既规定了硬件接口规范，也规定了数字音频数据的格式。I²S 有以下三个主要信号：

1）串行时钟 SCL，也叫位时钟（BCL），即对应数字音频的每一位数据，SCL 都有一个脉冲。SCL 的频率 = 2 × 采样频率 × 采样位数。

2）帧时钟 LRC（也称 WS），用于切换左右声道的数据。LRC 为 "0" 表示传输的是左声道的数据，为 "1" 则表示传输的是右声道的数据。LRC 的频率等于采样频率。

3）串行数据 SDA，就是用二进制补码表示的音频数据。

有时为了使系统间能够更好地同步，还需要另外传输一个信号 MCL，称为主时钟，也叫系统时钟（System Clock），是采样频率的 256 倍或 384 倍。

I²S 格式的信号无论有多少位有效数据，数据的最高位总是出现在 LRC 变化（也就是一帧开始）后的第二个 SCL 脉冲处。这就使得接收端与发送端的有效位数可以不同。如果接收端能处理的有效位数少于发送端，可以放弃数据帧中多余的低位数据；如果接收端能处理的有效位数多于发送端，可以自行补足剩余的位。这种同步机制使得数字音频设备的互联更加方便，而且不会造成数据错位。

随着技术的发展，在统一的 I²S 接口下，出现了多种不同的数据格式。根据 SDA 数据相对于 LRC 和 SCL 的位置不同，分为左对齐（较少使用）、I²S 格式（即飞利浦规定的格式）和右对齐（也叫日本格式、普通格式）。

为了保证数字音频信号的正确传输，发送端和接收端应该采用相同的数据格式和长度。当然，对 I²S 格式来说数据长度可以不同。

LRC 可以在串行时钟的上升沿或者下降沿发生改变，并且 LRC 信号不需要一定是对称的。在从属装置端，LRC 在时钟信号的上升沿发生改变。LRC 总是在最高位传输前的一个时钟周期发生改变，这样可以使从属装置得到与被传输的串行数据同步的时间，并且使接收端存储当前的命令以及为下次的命令清除空间。I²S 总线接口的访问时序图如图 2-12 所示。

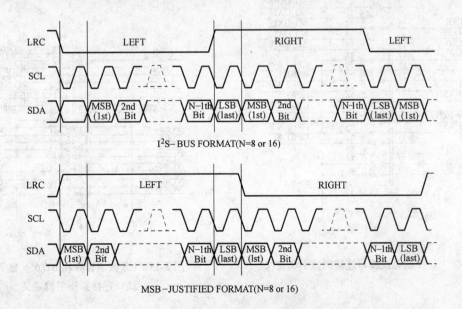

图 2-12　I²S 总线接口的访问时序图

I²S 总线接口在硬件上面实际上只包括 4 根信号线。I²S 数字音频硬件接口信号图如图 2-13 所示。其中 SDA 信号线用来传送数字音频数据信号，SCL 信号是串行时钟（位时钟），LRC 信号为帧时钟，MCL 信号为系统时钟。

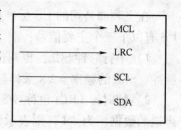

图 2-13　I²S 数字音频硬件
接口信号图

看一看

在本实验系统中，通过多媒体处理器最小系统板和底板上的视频信号 D-A 转换模块和音频信号 D-A 转换模块相结合来实现 MP3/MP4 产品实例。多媒体处理器最小系统板和底板通过几个插座来进行连接。多媒体处理器最小系统板对外提供的 I²C 控制接口总线、数字音频 I²S 总线接口和数字视频 BT.656 总线接口分别通过两个插座连接到底板上的视频信号 D-A 转换模块和音频信号 D-A 转换模块。

I²C 控制接口信号在插座 J19 的第 3、5 脚。I²C 控制总线接口连接插座引脚定义如图 2-14 所示。

数字音频 I²S 总线接口信号在插座 J17 的第 2、4、6、8、10 脚。BT.656 总线接口信号因为是单向信号，所以在本系统内部提供了三个，其中一个是从多媒体处理器最小系统板输出给底板的数字视频接口信号，9 根信号线分别位于插座 J17 的第 1、3、5、7、9、11、13、15 和 17 脚；另外两个是从底板输出给多媒体处理器最小系统板的数字视频接口信号，两套 BT.656 信号线分别位于插座 J17 的第 23、25、27、29、31、33、35、37、39 脚和插座 J17 的第 24、26、28、30、32、34、36、38、40 脚。I²S 数字音频和 BT.656 数字视频接口连接插座引脚定义如图 2-15 所示。

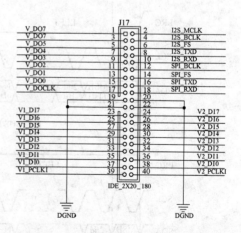

图 2-14　I²C 控制总线接口连接插座引脚定义

图 2-15　I²S 数字音频和 BT.656 数字视频
接口连接插座引脚定义

想一想

1. 一个主设备是如何通过一个 I^2C 总线接口来访问不同的从设备的？

2. 一个从设备可以通过一个 I^2C 总线接口来访问主设备的内部信息吗？

3. BT. 656 数字视频接口如何区分不同帧数字信号和不同行的数字信号？

4. BT. 656 数字视频接口能不能传输高清数字视频信号？

5. I^2S 总线接口是如何区分左右声道的？LRC、SCL 和 MCL 都是时钟信号，这三个时钟信号分别有什么差别？

2. 电源和时钟模块

 读一读

系统所需要的各种基本电源信号都来源于外接的 12V 电源信号。12V 电源信号经过多媒体处理器最小系统的电源模块后变成系统所需的各种低电压，包括 5V、3.3V、2.5V 和 1.8V 等。

底板上的所有工作电源都来源于多媒体处理器最小系统板。多媒体处理器最小系统板通过电源插座将各种电源信号输出给底板。由于多媒体处理器最小系统板输出的 1.8V 电源信号电流输出不够大，因此在底板上还经过一个三端电压调节器 AIC1084-18 将来自于多媒体处理器最小系统板的 5V 信号变成稳定的 1.8V 电源输出。

AIC1084-18 是一种低电压跳变的三端电压调节器，能提供可调电压输出和稳定的电压输出，最大的电流输出能力是 5A。因为底板需要的低电压为 1.8V，因此底板上采用固定输出电压为 1.8V 的 AIC1084-18 型电压调节器。AIC1084-18 三端电压调节器内部工作框图如图 2-16 所示。

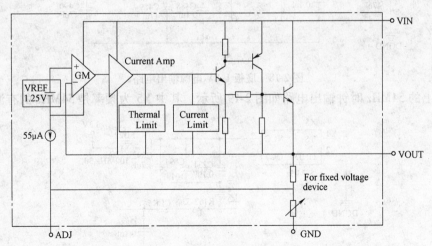

图 2-16　AIC1084-18 三端电压调节器内部工作框图

底板上的视频 D-A 转换模块工作的时钟信号为 54MHz，此时钟信号来源于一有源晶振输出。

 看一看

多媒体处理器最小系统板和底板之间的电源连接插座为 J15。多媒体处理器最小系统板和底板之间的电源连接插座引脚定义如图 2-17 所示。多媒体处理器最小系统板输出给底板的电源电压包括 12V、5V 和 3.3V 三种电压信号。

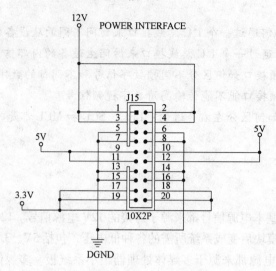

图 2-17　多媒体处理器最小系统板和底板之间
的电源连接插座引脚定义

底板 1.8V 电源输出电路如图 2-18 所示。其中 U33 是 AIC1084-18 芯片，可以实现 5V
电源到 1.8V 电源的转换功能。

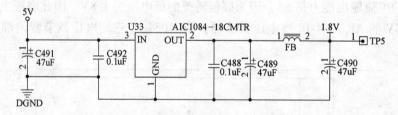

图 2-18　底板 1.8V 电源输出电路

底板上的 54MHz 时钟输出电路如图 2-19 所示。其中 X5 为频率是 54MHz 的有源晶振。

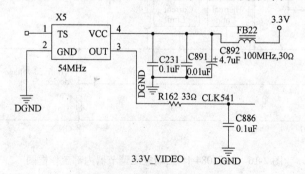

图 2-19　底板上的 54MHz 时钟输出电路

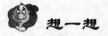 **想一想**

1. 为什么多媒体处理器最小系统板的 1.8V 电源输出不能直接用于底板？

2. 54MHz 的有源晶振的 3.3V 电源输入信号为什么不能直接连接到晶振的第 4 脚上？

3. 视频 D-A 转换模块

 读一读

在本系统中，视频 D-A 转换模块主要是将多媒体处理器最小系统板解码后的数字视频信号经过 D-A 转换后变成模拟的复合视频信号输出。本系统的视频 D-A 转换模块主要采用 TW2835 来实现。同时为了缓存从多媒体处理器最小系统板解码后的数字视频流，TW2835 还需外接动态存储芯片来保存来不及处理的数字视频流数据。视频 D-A 转换模块功能框图如图 2-20 所示。

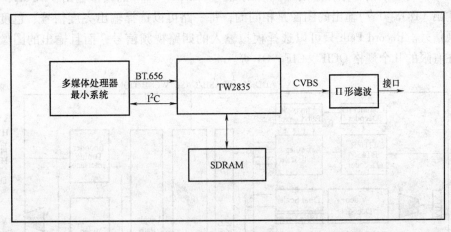

图 2-20　视频 D-A 转换模块功能框图

数字视频信号就是标准的 BT.656 的数字视频流，该视频流来源于多媒体处理器最小系统板。多媒体处理器最小系统板通过 I^2C 接口总线来控制 TW2835，实现对 TW2835 的读写操作。TW2835 的模拟视频输出信号为标准的模拟复合视频输出信号（CVBS）。该复合视频信号再经过 π 形滤波滤除单板电路带来的电路噪声后输出给对外的 BNC 接口。

复合视频信号（Composite Video Broadcast Signal），也叫 CVBS 信号，是模拟视频信号的一种。它是亮度信号 Y 和色度信号 C_b、C_r 混合在一起进行传输的一种模拟视频格式。在标准调整状态下，复合视频内部互连电气特性的标称值如下：

1）复合视频信号峰白电平和同步顶电平之差：1.0V（峰-峰值）。

2）色同步电平峰-峰值：0.3V（峰-峰值）。

3）阻抗：75Ω。

4）视频信号极性：正极性。

5）同步信号极性：负极性。

复合视频信号典型波形如图 2-21 所示。

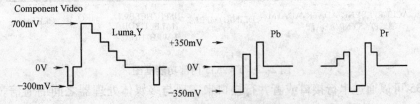

图 2-21　复合视频信号典型波形

　　TW2835 内部功能框图如图 2-22 所示。TW2835 支持四路的模拟音频输入，一路模拟音频输出，四路模拟视频输入，两路模拟视频输出；提供三个 BT.656/601 格式的数字 I/O 视频接口和两个数字 I/O 音频接口，可以和处理器连接传输视频和音频数据。TW2835 的视频和音频是分开完成的，互不影响。在视频处理部分，一块 TW2835 支持四路模拟输入和四路数字输入。四路模拟视频信号转换成数字视频信号送入到内部读写控制模块，数字视频输入 PBIN 可以最多传输四路的视频信号到内部读写控制模块。TW2835 的输出通道有 Display Path 和 Record Path，分别对应实时显示和视频记录功能。Display Path Process 可以处理八路的视频输入，对视频信号做任意的缩放切割处理。Display Path 的模拟输出 VAOCX、VAOYX 和数字输出 VDOX[0:7] 输出的图像是相同的，每一路可以选择输出亮度信号、色度信号或者全电视信号。Record Path 只可以选择模拟输入的四路视频信号，而且输出的图像格式只能限制在有限的几个规格 QCIF、CIF、D1 等。

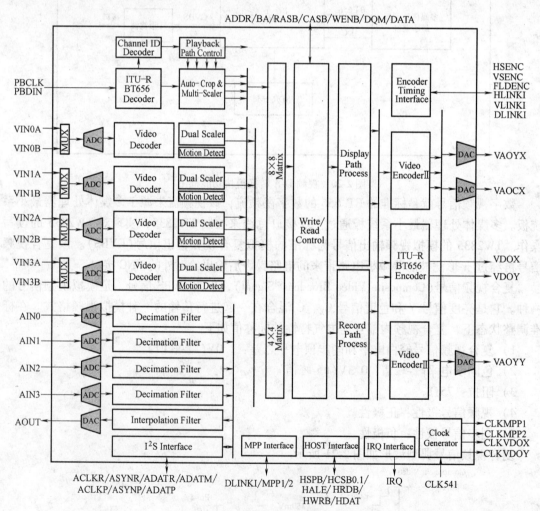

图 2-22　TW2835 内部功能框图

　　TW2835 可以通过串行接口或者并行接口来实现与多媒体处理器之间的通信。串行接口就是标准的 I^2C 总线接口。并行接口就是 TW2835 定义的低速并行访问接口。由于此并行访问接口一般不能直接与 CPU 总线匹配，因此多媒体处理器一般要经过一个逻辑芯片完成 CPU 总线到此并行总线的匹配转换。

TW2835 芯片的主要功能引脚描述见表 2-2 ~ 表 2-8。其中，TW2835 模拟接口引脚定义见表 2-2，TW2835 数字接口引脚定义见表 2-3，TW2835 复用功能接口引脚定义见表 2-4，TW2835 数字音频接口引脚定义见表 2-5，TW2835 存储器接口引脚定义见表 2-6，TW2835 系统控制接口引脚定义见表 2-7，TW2835 电源和地信号引脚定义见表 2-8。

表 2-2　TW2835 模拟接口引脚定义

Name	Number		Type	Description
	QFP	LBGA		
VIN0A	166	B12	A	Composite video input A of channel 0
VIN0B	167	C12	A	Composite video input B of channel 0
VIN1A	170	B11	A	Composite video input A of channel 1
VIN1B	171	C11	A	Composite video input B of channel 1
VIN2A	176	B10	A	Composite video input A of channel 2
VIN2B	177	C10	A	Composite video input B of channel 2
VIN3A	180	B9	A	Composite video input A of channel 3
VIN3B	181	C9	A	Composite video input B of channel 3
VAOYX	184	C8	A	Analog video output
VAOCX	186	D8	A	Analog video output
VAOYY	189	C7	A	Analog video output
NC	191	D7	A	No connection
AIN0	197	B6	A	Audio input of channel 0
AIN1	198	C6	A	Audio input of channel 1
AIN2	199	B5	A	Audio input of channel 2
AIN3	200	C5	A	Audio input of channel 3
AOUT	194	D5	A	Audio mixing output

表 2-3　TW2835 数字接口引脚定义

Name	Number		Type	Description
	QFP	LBGA		
VDOX[7:0]	8, 9, 10, 11, 13, 14, 15, 16	C1, C2, D2, D3, E1, E2, E3, E4	O	Digital video data output for display path Or link signal for multi-chip connection
VDOY[7:0]	33, 34, 36, 37, 38, 39, 40, 42	J4, K2, K3, L1, L2, L3, L4, M1	O	Digital video data output for record path
CLKVDOX	17	F1	O	Clock output for VDOUTX
CLKVDOY	32	J3	O	Clock output for VDOUTY
HSENC	21	F4	O	Encoder horizontal sync

（续）

Name	Number		Type	Description
	QFP	LBGA		
VSENC	20	F3	O	Encoder vertical sync Or link signal for multi-chip connection
FLDENC	19	F2	O	Encoder field flag
PBDIN[7:0]	43, 44, 45, 46, 48, 49, 50, 51	M2, M3, M4, N2, N3, P1, P2, R1	I	Video data of playback input
PBCLK	54	R2	I	Clock of playback input

表 2-4 TW2835 复用功能接口引脚定义

Name	Number		Type	Description
	QFP	LBGA		
HLINKI	138	F14	I/O	Link signal for multi-chip connection
VLINKI	140	F13	I	Link signal for multi-chip connection
DLINKI[7:0]	149,148,147,146, 144,143,142,141	C15,C16,D14,D15, E13,E14,E15,E16	I/O	Link signal for multi-chip connection Or decoder's bypassed data output Or decoder's timing signal output Or general purpose input/output
MPP1[7:0]	204, 205, 206, 207, 2, 3, 4, 5	A4, B4, C4, A3, B3, C3, A2, B2	I/O	Decoder's bypassed data output Or decoder's timing signal output Or general purpose input/output
MPP2[7:0]	152, 153, 154, 155, 158, 159, 160, 161	B16, B15, A15, A14, B14, A13, B13, C13	I/O	Decoder's bypassed data output Or decoder's timing signal output Or general purpose input/output
CLKMPP1	7	B1	O	Clock output for MPP1 data
CLKMPP2	150	C14	O	Clock output for MPP2 data

表 2-5 TW2835 数字音频接口引脚定义

Name	Number		Type	Description
	QFP	LBGA		
ACLKR	27	H3	O	Audio serial clock output of record
ASYNR	26	H2	O	Audio serial clock output of record
ADATR	25	H1	O	Audio serial data output of record
ADATM	23	G3	O	Audio serial data output of mixing
ACLKP	31	J2	I/O	Audio serial clock input/output of playback
ASYNP	30	J1	I/O	Audio serial sync input/output of playback
ADATP	28	H4	I	Audio serial data input of playback
ALINKI	137	F15	I	Link signal for multi-chip connection
ALINKO	22	G2	O	Link signal for multi-chip connection

表 2-6　TW2835 存储器接口引脚定义

Name	Number		Type	Description
	QFP	LBGA		
DATA[31:0]	76,77,78,79,80, 82,83,84,85,86, 88,89,90,91,92, 94,118,119,120, 121,123,124,125, 126,127,129,130, 131,132,134,135, 136	R8,P8,N8,T9,R9, P9,N9,R10,P10, T11,R11,P11,N11, T12,R12,P12,L15, L14,L13,K15,K14, J16,J15,J14,J13, H16,H15,H14,H13, G15,G14,F16	I/O	SDRAM data bus
ADDR[10:0]	95,96,97,98,100, 101,102,103,106, 107,108	N12,R13,P13,T14, R14,P14,T15,R15, R16,P16,P15	O	SDRAM address bus. ADDR[10] is AP
BA1	109	N15	O	SDRAM bank1 selection
BA0	111	N14	O	SDRAM bank0 selection
RASB	113	M15	O	SDRAM row address selection
CASB	114	M14	O	SDRAM column address selection
WEB	115	M13	O	SDRAM write enable
DQM	117	L16	O	SDRAM write mask
CLK54MEM	112	M16	O	SDRAM clock

表 2-7　TW2835 系统控制接口引脚定义

Name	Number		Type	Description
	QFP	LBGA		
TEST	164	D12	I	Only for the test purpose Must be connected to VSSO
是 "RSTB"	73	P7	I	System reset. Active low
IRQ	72	R7	O	Interrupt request signal
HDAT[7:0]	62, 63, 65, 66, 67, 68, 69, 71	T5, R5, P5, N5, T6, R6, P6, N6	I/O	Data bus for parallel interface HDAT[7] is serial data for serial interface HDAT[6:1] is slave address [6:1] for serial interface
HWRB	61	P4	I	Write enable for parallel interface VSSO for serial interface
HRDB	60	R4	I	Read enable for parallel interface VSSO for serial interface
HALE	59	P3	I	Address line enable for parallel interface Serial clock for serial interface
HCSB1	57	R3	I	Chip select 1 for parallel interface VSSO for serial interface

（续）

Name	Number		Type	Description
	QFP	LBGA		
HCSB0	56	T3	I	Chip select 0 for parallel interface Slave address[0] for serial interface
HSPB	55	T2	I	Select serial/parallel host interface
CLK541	74	T8	I	54MHz system clock

表 2-8　TW2835 电源和地信号引脚定义

Name	Number		Type	Description
	QFP	LBGA		
VDDO	18,47,64,93, 110,139,157,208	A1,A16,K1,K16, T1,T7,T10,T16	P	Digital power for output driver 3.3V
VDDI	6,24,41,58, 99,116,133,151	D1,D16,G1,G16, N1,N16,T4,T13	P	Digital power for internal logic 1.8V
VDDVADC	165,172,173, 175,182	A8,A9,A10, A11,A12	P	Analog power for Video ADC 1.8V
VSSVADC	168,169,174, 178,179	D10,D11,D13, E11,E12	G	Analog ground for Video ADC 1.8V
VDDVDAC	185,187,190	A7,B7,B8	P	Analog power for Video DAC 1.8V
VSSVDAC	183,188,192	D9,E7,E8, E9,E10	G	Analog ground for Video DAC 1.8V
VDDAADC	201	A6	P	Analog power for Audio ADC 1.8V
VSSAADC	196	D6, E6	G	Analog ground for Audio ADC 1.8V
VDDADAC	193	A5	P	Analog power for Audio DAC 1.8V
VSSADAC	195	D4, E5	G	Analog ground for Audio DAC 1.8V
VSS	1,12,29,35,52,53, 70,75,81,87,104, 105,122,128,145, 156,162,163,202, 203	F5 ~ F12,G4 ~ G13, H5 ~ H12,J5 ~ J12, K4 ~ K13,L5 ~ L12, M5 ~ M12,N4,N7, N10,N13	G	Ground

　　TW2835 芯片引脚物理位置定义如图 2-23 所示。芯片的每个引脚在芯片上的具体位置在此图中都详细地显示出来。

 看一看

　　TW2835 的电源、复位和时钟部分原理图如图 2-24 所示。有源晶振输出的 54MHz 时钟信号 CLK54I 送给 TW2835 的第 74 脚。从多媒体处理器最小系统板输出的复位信号 SYS_RST 经过一个 RC 滤波电路连接到 TW2835 的第 73 脚。TW2835 内部需要的几种 3.3V 和 1.8V 电源信号经过滤波电路分别连接到 TW2835 对应的电源脚上。TW2835 的电源滤波电路原理图如图 2-25 所示，该电路主要实现对 TW2835 各电源信号的滤波功能。

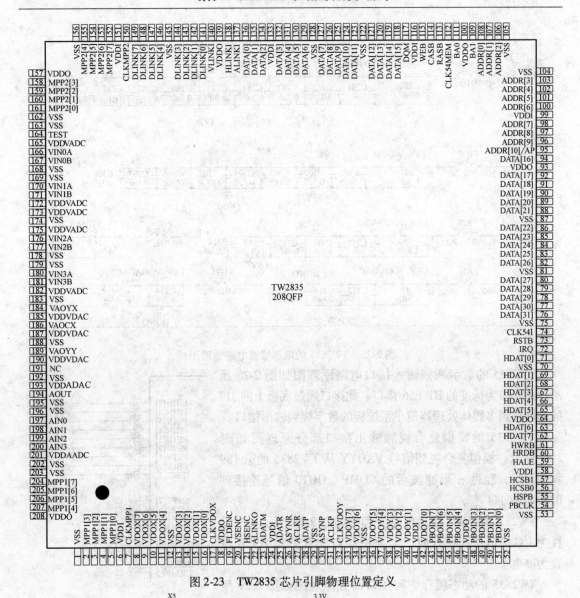

图 2-23　TW2835 芯片引脚物理位置定义

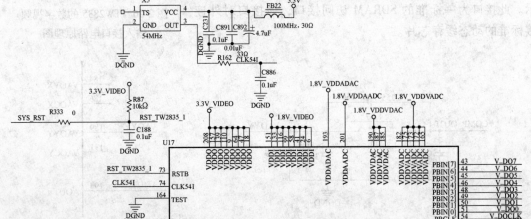

图 2-24　TW2835 的电源、复位和时钟部分原理图

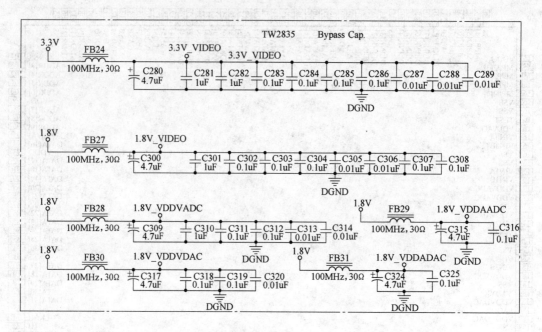

图 2-25　TW2835 的电源滤波电路原理图

TW2835 的数字视频输入接口电路原理图如图 2-26 所示。此接口为标准的 BT. 656 接口。此接口通过底板上的 J17 插座连接到多媒体处理器最小系统板的数字视频输出接口。

TW2835 的模拟复合视频输出接口部分原理图如图 2-27 所示。模拟复合视频信号 VAOYY 从 TW2835 的第 189 脚输出后，经过 π 形滤波后的 COMP _ OUT0 信号连接到 BNC 插座 J44 上。

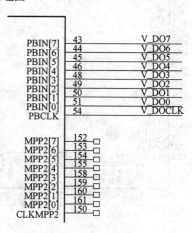

图 2-26　TW2835 的数字视频输入接口电路原理图

TW2835 的 CPU 接口电路原理图如图 2-28 所示。当设置为 I^2C 接口访问模式时，需要把接口配置引脚 HSPB 设置为高电平。

TW2835 的动态缓存访问接口部分原理图如图 2-29 所示。此接口为一标准的 SDRAM 访问接口，该接口对外连接标准的动态缓存芯片。

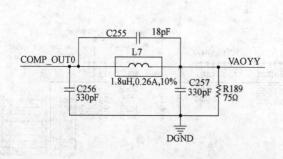

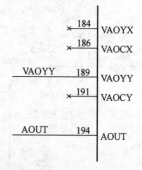

图 2-27　TW2835 的模拟复合视频输出接口部分原理图

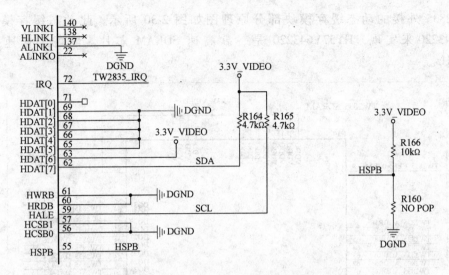

图 2-28　TW2835 的 CPU 接口电路原理图

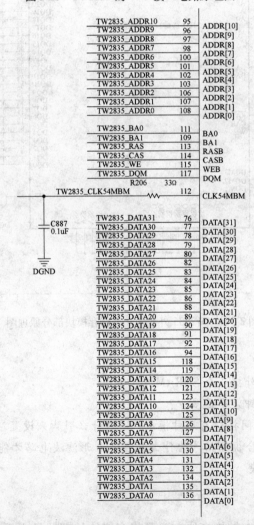

图 2-29　TW2835 的动态缓存访问接口部分原理图

　　TW2835 外接的动态缓存模块部分原理图如图 2-30 所示。此动态缓存模块采用 HY57V643220 来实现，HY57V643220 是一款高速 SDRAM 芯片，最高工作速度可达到 212MHz。

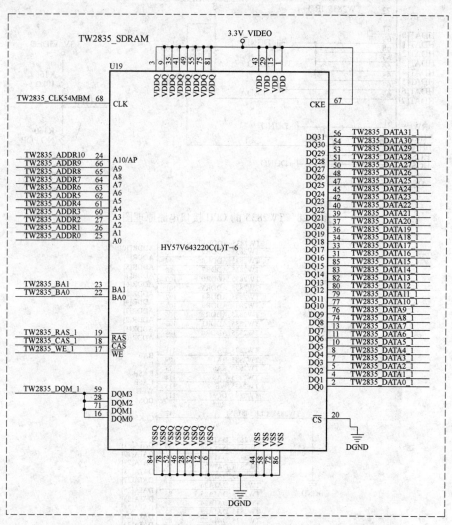

图 2-30　TW2835 外接的动态缓存模块部分原理图

 **想一想**

1. TW2835 为什么要外接一个 SDRAM 芯片？
2. TW2835 的工作时钟频率是多少？
3. TW2835 的 CPU 访问接口有几种模式？通过什么引脚来设置？
4. TW2835 输出的复合视频信号为什么要经过 π 形滤波电路才能连接到 BNC 接口上？

4. 音频 D-A 转换模块

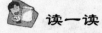 **读一读**

在本系统中，音频 D-A 转换模块主要是将多媒体处理器最小系统板解码后的数字音频

信号经过 D-A 转换后变成模拟的音频信号输出。音频 D-A 转换模块主要采用 WOLFSON 公司的 WM8731 来实现。WM8731 是 WOLFSON 公司推出的一款适合于语音应用的 CODEC（编码解码器），它能为自身的 MIC（传声器）输入提供偏置电压，内部有两组 ADC（A-D 转换器）和 DAC（D-A 转换器），内建了 24bit A-D 转换和 D-A 转换，使用了超采样数字插值技术，所支持的数字音频的位数可以是 16 ~ 32 位，采样频率为 8 ~ 96kHz。立体声音频输出带有数据缓存和数字音量调节，其采样频率为 8 ~ 96kHz。串行控制接口可选择为两线制和三线制，其音频接口可通过编程设置为 I²S 或 PCM 接口形式。WM8731 的芯片功耗极低。

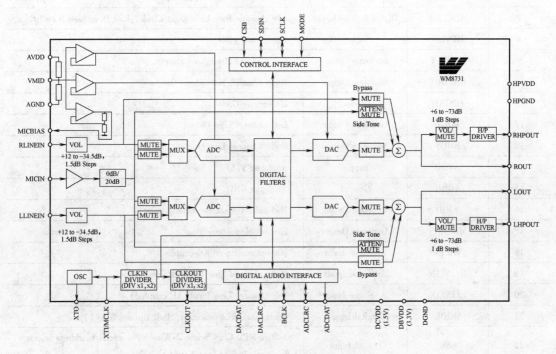

图 2-31　WM8731 内部功能框图

多媒体处理器通过 I²C 接口总线来实现对 WM8731 内部寄存器的读写操作，从而实现对 WM8731 的模式设置和控制。WM8731 内部功能框图如图 2-31 所示。

　　WM8731 芯片物理封装型号为 SOP28。WM8731 芯片物理封装引脚定义如图 2-32 所示。

　　WM8731 芯片的引脚功能描述见表 2-9。此表中的 PIN 代表芯片上的引脚号，NAME 是芯片引脚名称，TYPE 是芯片引脚类型，DESCRIPTION 是芯片引脚功能描述。

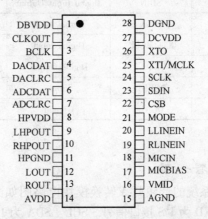

图 2-32　WM8731 芯片物理封装引脚定义

表 2-9　WM8731 芯片的引脚功能描述

PIN	NAME	TYPE	DESCRIPTION
1	DBVDD	Supply	Digital Buffers VDD
2	CLKOUT	Digital Output	Buffered Clock Output
3	BCLK	Digital Input/Output	Digital Audio Bit Clock, Pull Down(see Note 1)
4	DACDAT	Digital Input	DAC Digital Audio Data Input
5	DACLRC	Digital Input/Output	DAC Sample Rate Left/Right Clock, Pull Down(see Note 1)
6	ADCDAT	Digital Output	ADC Digital Audio Data Output
7	ADCLRC	Digital Input/Output	ADC Sample Rate Left/Right Clock, Pull Down(see Note 1)
8	HPVDD	Supply	Headphone VDD
9	LHPOUT	Analogue Output	Left Channel Headphone Output
10	RHPOUT	Analogue Output	Right Channel Headphone Output
11	HPGND	Ground	Headphone GND
12	LOUT	Analogue Output	Left Channel Line Output
13	ROUT	Analogue Output	Right Channel Line Output
14	AVDD	Supply	Analogue VDD
15	AGND	Ground	Analogue GND
16	VMID	Analogue Output	Mid-rail reference decoupling point
17	MICBIAS	Analogue Output	Electret Microphone Bias
18	MICIN	Analogue Input	Microphone Input(AC coupled)
19	RLINEIN	Analogue Input	Right Channel Line Input(AC coupled)
20	LLINEIN	Analogue Input	Left Channel Line Input(AC coupled)
21	MODE	Digital Input	Control Interface Selection, Pull Up(see Note 1)
22	CSB	Digital Input	3-Wire MPU Chip Select/2-Wire MPU interface address selection, active low, Pull up(see Note 1)
23	SDIN	Digital Input/Output	3-Wire MPU Data Input/2-Wire MPU Data Input
24	SCLK	Digital Input	3-Wire MPU Clock Input/2-Wire MPU Clock Input
25	XTI/MCLK	Digital Input	Crystal Input or Master Clock Input(MCLK)
26	XTO	Digital Output	Crystal Output
27	DCVDD	Supply	Digital Core VDD
28	DGND	Ground	Digital GND

 看一看

　　本系统的音频 D-A 转换模块电路图如图 2-33 所示。I2S _ BCLK、I2S _ FS、I2S _ TXD、I2S _ RXD 为 I^2S 接口信号。SCL、SDA 为 I^2C 接口信号。I^2S 和 I^2C 接口信号直接通过插座连接到多媒体处理器上。LHPOUT 和 RHPOUT 分别为左、右声道模拟音频输出。

　　音频输出插座接口电路如图 2-34 所示，外接音箱或耳机的插头可以直接连接到 J21 插座上。通过 WM8731 处理后的高保真声音就经过此接口输出到外接的音箱和耳机上了。

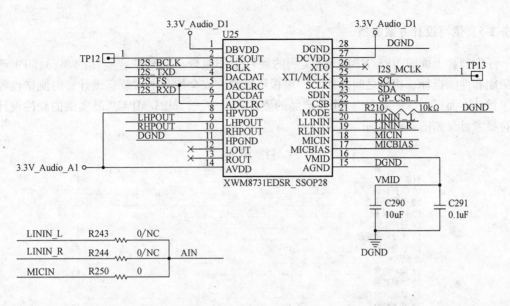

图 2-33   音频 D-A 转换模块电路图

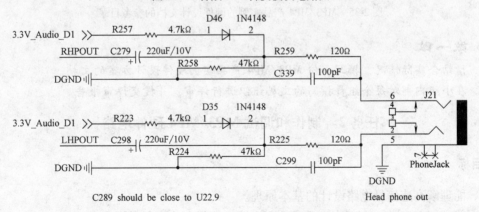

C289 should be close to U22.9   Head phone out

图 2-34   音频输出插座接口电路

 想一想

1. I^2S 和 I^2C 接口信号分别有什么不同？

2. WM8731 主要实现什么功能？

任务 1-5　撰写设计方案文档

仔细理解上面的 MP3/MP4 产品实例的硬件工作原理。同时结合实际的 MP3/MP4 产品的功能和性能指标、相互之间的接口、单板可靠性、安全性和电磁兼容设计、可测试性等需要注意的方面，考虑一款 MP3/MP4 产品的硬件实现方法。MP3/MP4 产品实例的硬件设计文档的参考目录如图 2-35 所示。

目　录

图 2-35　MP3/MP4 产品实例的硬件设计文档的参考目录

 做一做

1. 请结合实际情况，撰写一份 MP3/MP4 产品实例硬件设计方案的文档。
2. 在小组内部对每个组员撰写的文档组织进行评审，并提交评审报告。

任务 2　制作和调试 MP3/MP4 硬件电路

学习目标

☆ 能理解高速信号电路设计的基本原理。

☆ 能理解 I^2C 接口、I^2S 接口和 BT. 656 接口的基本功能和引脚定义。

☆ 会调试和测试 MP3/MP4 音频处理模块硬件电路。

☆ 会调试和测试 MP3/MP4 视频处理模块硬件电路。

工作任务

☆ PCB 文件的识读和单板 PCBA 检查。

☆ 底板电源和时钟电路的测试和调试。

☆ MP3/MP4 音频处理模块硬件电路的测试和调试。

☆ MP3/MP4 视频处理模块硬件电路的测试和调试。

任务 2-1　接受工作任务

任务 2 主要是完成 MP3/MP4 音频处理模块和视频处理模块硬件电路的测试和调试。主要包括单板 PCBA 的检查工作、底板电源和时钟电路的测试和调试、音频处理模块硬件电路的测试和调试以及视频处理模块的硬件电路的测试和调试。

在此过程中，学会测试和调试 MP3/MP4 产品的音视频处理模块，掌握高速信号电路的基本设计原理和方法，同时理解 I^2C 接口、I^2S 接口和 BT.656 接口的基本功能和引脚定义。

任务 2-2　PCB 文件的识读和单板 PCBA 检查

1. PCB 文件的识读

本系统底板的 PCB 文件是通过 POWERPCB 进行设计完成。POWERPCB 的升级版本为 PADS Layout 软件。底板 PCB 全局图如图 2-36 所示。该板为四层板，包括电源层、地层、顶层和底层。

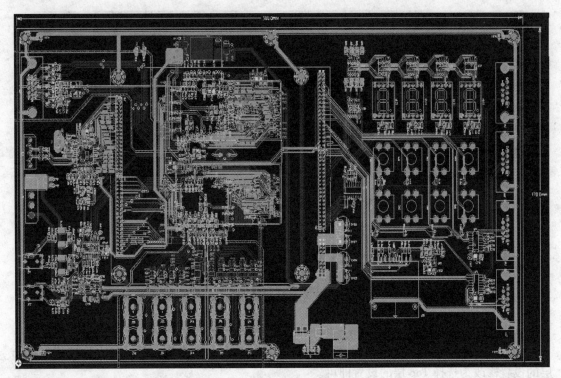

图 2-36　底板 PCB 全局图

（1）只显示 Bottom 层的元器件　步骤如下：执行 PADS Layout Setup 菜单下的 Display Colors Setup 命令，只选择显示 Bottom 层的元器件，设置完成后将只看到 Bottom 层的元器件。只显示 Bottom 层元器件的颜色设置方法如图 2-37 所示。Bottom 层元器件的显示效果图如图 2-38 所示。

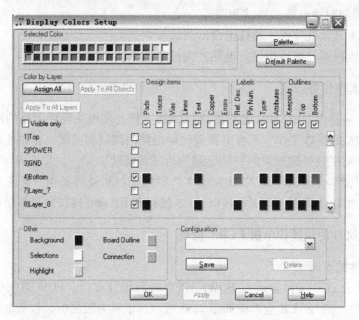

图 2-37　只显示 Bottom 层元器件的颜色设置方法

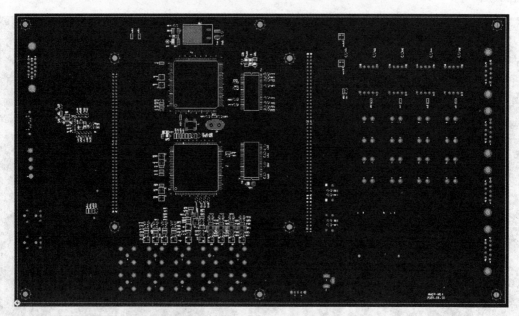

图 2-38　Bottom 层元器件的显示效果图

（2）只显示 Top 层元器件　步骤同上面(1)中描述的方法类似，只是将上面选择 Bottom 层的设置修改为选择 Top 层的设置即可。

（3）观察每条线的走线情况　假设想了解 I^2C 接口两条信号线的走线情况。步骤如下：执行 Display Colors Setup 命令，设置选定信号线为特殊颜色(如白色)，显示信号线走线情况的颜色设置方法如图 2-39 所示；然后选择 SCL 和 SDA 信号线，再按〈Page Up〉或〈Page Down〉键来改变图形在屏幕中显示的比例，以得到最佳显示效果。I^2C 接口 SCL 和 SDA 的 PCB 走线显示效果图如图 2-40 所示，白色线路为 SCL 和 SDA 的实际 PCB 走线。

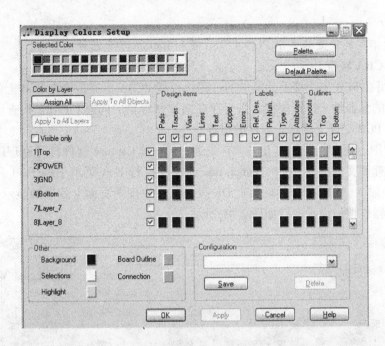

图 2-39 显示信号线走线情况的颜色设置方法

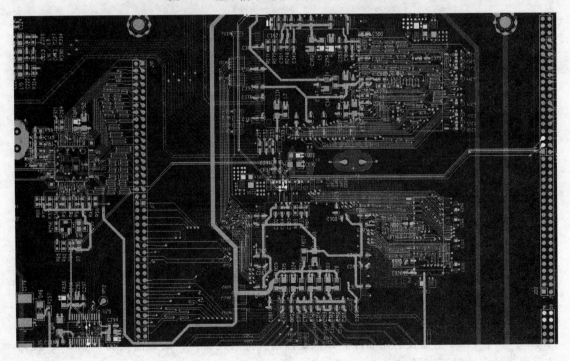

图 2-40 I^2C 接口 SCL 和 SDA 的 PCB 走线显示效果图

 做一做

1. 对照底板原理图，在底板 PCB 上检查单板 I^2S 接口和 BT.656 接口的信号走线情况。

2. 对照底板原理图，在底板 PCB 上检查视频 D-A 转换模块外挂的 SDRAM 总线的走线情况。

3. 试通过不同的设置只显示 PCB 上 Top 层和 Bottom 层元器件的丝印。

2. 单板 PCBA 检查

PCBA 是指在 PCB 上焊接上元器件的过程。单板 PCBA 检查是检查 PCB 上的元器件是否按照原理图上的元器件来进行焊接，是否存在漏焊和焊错的问题。PCBA 检查涉及原理图上搜索元器件和 PCB 文件上搜索元器件的过程。

（1）原理图上搜索元器件的方法　首先通过 Orcad Capture 软件打开原理图文件。然后用鼠标选中原理图文件名称，如"mmep-mb. dsn"。执行 Edit 菜单下的 Find 命令，在 Find What 文本框中输入"FB24"，然后单击 OK 按钮。在原理图页面上就单独显示出 FB24 元器件。原理图元器件搜索设置窗口如图 2-41 所示。

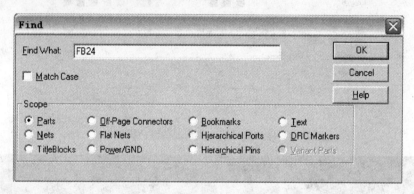

图 2-41　原理图元器件搜索设置窗口

此时单击 OK 按钮，将直接进入到包含 FB24 的电路模块，其中虚线框内标注的元器件即为选中的元器件。原理图元器件搜索显示效果图如图 2-42 所示。

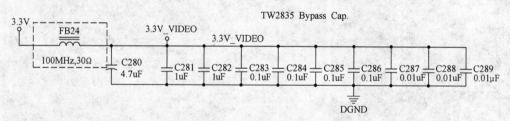

图 2-42　原理图元器件搜索显示效果图

（2）PCB 文件上搜索元器件的方法　用 PADS Layout 软件打开底板 PCB 文件。同时只显示顶层和底层的元器件。PCB 顶层和底层元器件显示图如图 2-43 所示。

PCB 文件上搜索元器件的命令窗口如图 2-44 所示。在 Command 文本框中直接输入"ss-FB24"，其中 FB24 为要找的元器件。如果要搜索其他的元器件，则只需要将"FB24"改为该元器件的名称就可以了。

PCB 文件上元器件搜索后的显示效果图如图 2-45 所示。搜索到的元器件就会在图 2-45 中标注位置显示出来，并在 PCB 文件上以高亮颜色显示。再按〈Page Up〉或〈Page Down〉键以达到最佳的显示效果。

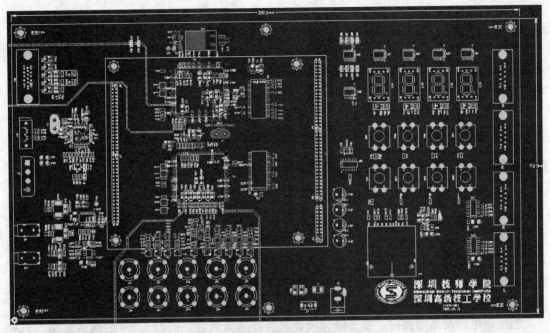

图 2-43　PCB 顶层和底层元器件显示图

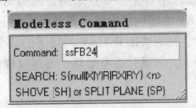

图 2-44　PCB 文件上搜索元器件的命令窗口

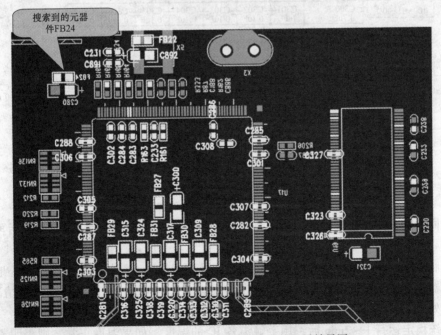

图 2-45　PCB 文件上元器件搜索后的显示效果图

做一做

1. 对照底板上的音频处理模块、视频处理模块、电源和时钟电路模块,检查 PCB 上元器件的焊接情况,看单板上是否有焊接错误的情况? 元器件是否漏焊? 极性电容的正负极是否焊接错误?

2. 检查 PCB 上各模块的配置电阻是否焊接错误,阻值是否有误?

3. 检查 PCB 上的其他焊接错误。

任务 2-3　底板电源和时钟电路的测试和调试

1. 底板电源和地网络短路检查

为避免底板上电后电源短路导致烧毁元器件,所以在单板 PCBA 检查后首先要进行短路检查。底板上的所有电源信号(12V、5V、3.3V 和 1.8V)都要进行检查。检查的方法是用万用表的两个表笔分别接在电源网络上的任意一点和地网络上的任意一点,看是否短路。注意不能只采用听万用表短路报警声的方法来判断是否短路。如果用万用表测得的开路电阻是 0,则表明此电源网络短路。

当出现电源网络短路时,要分级分模块来进行隔离处理。假设 1.8V 的网络短路,首先目测 1.8V 的电源网络下挂的滤波电容是否焊接短路,因为 1.8V 的电源网络下挂的滤波电容太多,且容易焊接短路。1.8V 电源网络短路隔离分级点如图 2-46 所示。如果采用目测的方法没有发现焊接有误的地方,则需要断开 1.8V 网络下的几个磁珠,如图 2-46 中用虚线框标注的部分。然后再逐个焊接上,测量是否有短路。通过这样的方法进行隔离,就可以迅速找到单板上的电源网络短路点。

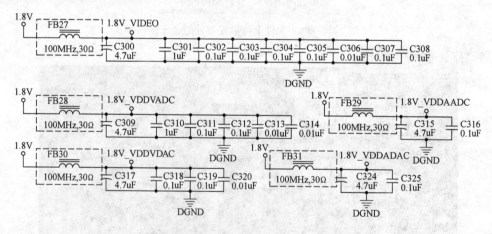

图 2-46　1.8V 电源网络短路隔离分级点

再用同样的方法检查其他的电源网络是否短路,确保所有电源网络没有短路后再给单板上电。

确定底板电源网络都没有短路后,将多媒体处理器最小系统插在底板上。小心地打开多媒体处理器最小系统板的电源开关后,再观察系统的上电情况,若系统出现异常情况(如系统有冒烟处或元器件损坏现象),应迅速关掉电源开关,并仔细查看故障点情况。

待系统稳定运行 1~2min 后,用手触摸各 IC 的温度,如果温度正常,则表明整个系统上电工作正常；如果有IC的表面温度异常，则应马上断电，然后检查该IC是否存在加工问题。底板上的电源关键测试点和电压见表2-10。

表2-10　底板上的电源关键测试点和电压

测试点	电压/V	测试点	电压/V
J15的1、2、3、4脚	12(1±10%)	C491(正极)	5(1±5%)
C487(正极)	3.3(1±5%)	FB24	3.3(1±5%)
FB34	3.3(1±5%)	FB36	3.3(1±5%)
FB28	1.8(1±5%)	FB29	1.8(1±5%)
FB30	1.8(1±5%)	FB31	1.8(1±5%)
TP5	1.8(1±5%)		

2. 底板时钟信号检查

芯片的晶振脚如果有信号，则表明该芯片已经起振。因此通过测试芯片晶振脚的信号波形是判断芯片是否工作的最简单的测试方法。

在本系统中主要要测量下面的一些关键点，看是否有晶振信号出现。同时还要测量其他一些有源时钟芯片是否正常输出了时钟信号。底板上的时钟关键测试点和频率见表2-11。

表2-11　底板上的时钟关键测试点和频率

测试点	频率/MHz	测试点	频率/MHz
R162	54	U17的73脚	54
TP13	12.288		

 做一做

1. 按上述方法，检查单板各个电源网络是否短路。
2. 按上述方法，检查单板各个电源电压测试点的电压是否正常。
3. 按上述方法，检查单板时钟信号和晶振信号是否正常。

任务2-4　MP3/MP4音频处理模块硬件电路的测试和调试

1. 音频处理模块电源信号的测量

音频处理模块主要是围绕WM8731来实现。WM8731的供电电压是3.3V。首先测量磁珠FB34和FB36上的电源电压是否为3.3V，然后再测量WM8731的第1脚和第27脚上的电源是否为3.3V。

如果测量结果正常，则继续下面的操作。如果不是的话，则确认芯片和分立元器件是否有虚焊，元器件是否有损坏等。必要时，可采取更换元器件的方式来处理。

2. 音频处理模块关键信号的测量

用示波器测量TP13脚是否有12.288MHz的时钟波形。这是芯片工作的主时钟。

用万用表或者示波器测量WM8731的工作模式设置脚第21脚和第22脚上是否为低电平。注意不能直接测量配置电阻，因为配置电阻有可能是直接连接在地信号上的。

测量 WM8731 的 I²C 接口引脚第 23 脚和第 24 脚是否为高电平。如果没有的话，则确认 I²C 接口信号 SCL 和 SDA 的上拉电阻 R207 和 R208 是否焊接正确。

3. 音频处理模块的软件测试

在多媒体处理器板正常上电后，I²C 接口驱动软件模块会去扫描整个系统中的 I²C 总线设备。如果 WM8731 能正常工作的话，则在系统软件启动时，会显示能找到 WM8731 设备，WM8731 工作正常示意图如图 2-47 所示。系统软件启动后如果未能正常找到 WM8731，则需检查 WM8731 周围的硬件电路是否正常工作。

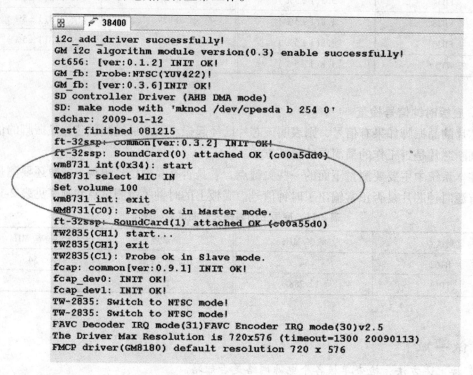

图 2-47　WM8731 工作正常示意图

 做一做

1. 按上述方法，检查 WM8731 的各个电源工作是否正常。
2. 按上述方法，检查 WM8731 的关键硬件信号是否正常。
3. 按上述方法，通过软件检测 WM8731 是否正常工作。

任务 2-5　MP3/MP4 视频处理模块硬件电路的测试和调试

1. 视频处理模块电源信号的测量

视频处理模块主要是围绕 TW2835 来实现。TW2835 的供电电压包括 3.3V 和 1.8V。首先测量磁珠 FB24 上的电源是否为 3.3V，然后再测量磁珠 FB27、FB28、FB29、FB30、FB31 上的电源是否为 1.8V，最后再测量 TW2835 的 3.3V 电源引脚和 1.8V 电源引脚上的电压是否有正常的电源工作电压。

如果测量结果正常，则继续下面的操作。如果不是的话，则确认芯片和分立元器件是否有虚焊，元器件是否有损坏等。必要时，可采取更换元器件的方式来处理。但是注意不要轻易更换 TW2835 芯片。

视频处理模块外挂的缓存芯片采用 HY57V643220 来实现，HY57V643220 的供电电压也是 3.3V。

2. 视频处理模块关键信号的测量

用示波器测量 TW2835 的第 74 脚是否有 54MHz 的时钟波形。这是芯片工作的主时钟。如果时钟不正常的话，则要确认有源晶振是否正常工作，是否有正常的时钟输出。

按下多媒体处理器最小系统板上的复位按钮，再用示波器测量 TW2835 的第 73 脚上是否有正常的复位信号。TW2835 的复位信号来源于多媒体处理器最小系统板的全局复位信号。如果没有超过 200ms 的正常复位信号，则需检查插座和底板复位电路是否焊接有误。

用万用表或者示波器测量 TW2835 的第 55 脚上是否为高电平。此引脚上的不同电平用于设置 TW2835 的 CPU 接口的工作模式。当设置为高电平时，则表示 TW2835 的 CPU 接口工作在 I²C 接口模式下。注意不能直接测量配置电阻，因为配置电阻有可能是直接连接在电源信号上的。

测量 TW2835 的 I²C 接口引脚第 59 脚和第 62 脚是否为高电平。如果没有高电平，则应确认 I²C 接口信号 SCL 和 SDA 的上拉电阻 R164 和 R165 是否焊接正确。

用万用表或者示波器测量 TW2835 的第 72 脚上是否为高电平。此引脚反映 TW2835 向多媒体处理器发出的中断信号。如果一直为低电平，则表示 TW2835 一直向多媒体处理器发出中断请求。此时也表示 TW2835 工作异常。

用示波器测量 TW2835 的第 112 脚是否有 108MHz 的时钟波形。此时钟是 TW2835 内部的 SDRAM 控制器发出的读写控制时钟。如果此引脚没有此时钟，则表示 TW2835 没有工作

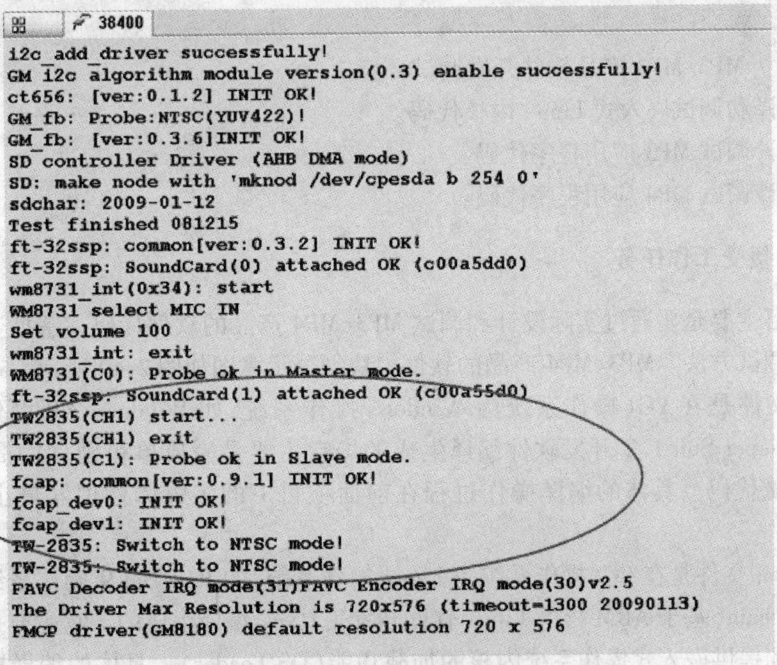

```
88    38400
i2c_add driver successfully!
GM_i2c algorithm module version(0.3) enable successfully!
ct656: [ver:0.1.2] INIT OK!
GM_fb: Probe:NTSC(YUV422)!
GM_fb: [ver:0.3.6]INIT OK!
SD controller Driver (AHB DMA mode)
SD: make node with 'mknod /dev/cpesda b 254 0'
sdchar: 2009-01-12
Test finished 081215
ft-32ssp: common[ver:0.3.2] INIT OK!
ft-32ssp: SoundCard(0) attached OK (c00a5dd0)
wm8731_int(0x34): start
WM8731 select MIC IN
Set volume 100
wm8731_int: exit
WM8731(C0): Probe ok in Master mode.
ft-32ssp: SoundCard(1) attached OK (c00a55d0)
TW2835(CH1) start...
TW2835(CH1) exit
TW2835(C1): Probe ok in Slave mode.
fcap: common[ver:0.9.1] INIT OK!
fcap_dev0: INIT OK!
fcap_dev1: INIT OK!
TW-2835: Switch to NTSC mode!
TW-2835: Switch to NTSC mode!
FAVC Decoder IRQ mode(31)FAVC Encoder IRQ mode(30)v2.5
The Driver Max Resolution is 720x576 (timeout=1300 20090113)
FMCP driver(GM8180) default resolution 720 x 576
```

图 2-48　TW2835 工作正常示意图

或者工作不正常。TW2835 正常工作时，会主动向外挂的 SDRAM 芯片发出读写操作控制信号。

3. 视频处理模块的软件测试

在多媒体处理器板正常上电后，I²C 接口驱动软件模块会去扫描整个系统中的 I²C 总线设备。如果 TW2835 能正常工作的话，则在系统软件启动时，会显示能找到 TW2835 设备，TW2835 工作正常示意图如图 2-48 所示。系统软件启动后如果未能正常找到 TW2835，则需检查 TW2835 周围的硬件电路是否正常工作。

 做一做

1. 按上述方法，检查 TW2835 和 HY57V643220 的各个电源工作是否正常。
2. 按上述方法，检查 TW2835 的关键硬件信号是否正常。
3. 按上述方法，通过软件检测 TW2835 是否正常工作。

任务 3　MP3/MP4 软件代码的设计与调试

学习目标

☆ 能理解 MP3/MP4 产品的软件结构。
☆ 能理解嵌入式 Linux 内核代码的结构。
☆ 会设计与调试 MP3/MP4 产品的应用程序。
☆ 会编译和调试嵌入式 Linux 内核代码。
☆ 会建立嵌入式 Linux 系统的软件开发调试环境。

工作任务

☆ 建立 MP3/MP4 产品软件开发调试环境。
☆ 编译和调试嵌入式 Linux 内核代码。
☆ 设计调试 MP3 应用程序代码。
☆ 设计调试 MP4 应用程序代码。

任务 3-1　接受工作任务

本项目主要是要通过实际设计和调试 MP3/MP4 产品的软件代码，掌握数码电子产品的软件设计调试方法。MP3/MP4 产品的软件模块划分示意图如图 2-49 所示。

boot 文件是在 PC（操作系统为 Windows 操作系统，如 Windows XP 操作系统）下采用 ARM Developer Suit 1.2 开发软件编译生成的。它主要是完成单板硬件的简单初始化和提供硬件测试代码。具体的编译操作过程在前面项目 1 的多媒体处理器最小系统中已经详细介绍过。

Armboot 文件是在 PC（操作系统为 Linux 操作系统，如 Red Hat 9 操作系统）下采用 ARM Linux Toolchain（基于 ARM 核的 Linux 软件开发工具链）编译生成的。它主要是完成单板硬件的初始化和提供嵌入式操作系统内核的加载功能（OS Loader）。具体的编译操作过程也在前面项目 1 的多媒体处理器最小系统中已经详细介绍过。

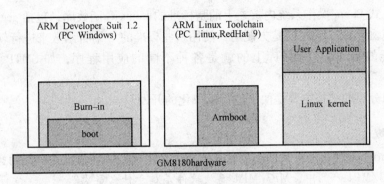

图 2-49　MP3/MP4 产品的软件模块划分示意图

　　User Application 是指具体的用户应用程序，比如 MP3 播放应用程序、MP4 播放应用程序或者视频录像机应用程序等。Linux kernel 是指 Linux 的内核程序，主要实现嵌入式 Linux 内核调度、驱动设备管理和基本协议栈等。这二者的具体编译和调试方法将在本项目中得到详细的讲解和实现。

任务 3-2　MP3/MP4 产品软件结构介绍

　　MP3/MP4 产品实例软件层次结构图如图 2-50 所示。

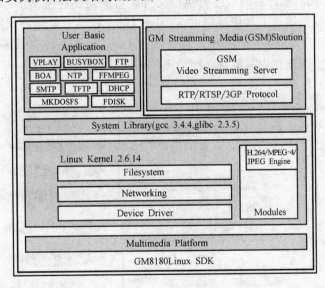

图 2-50　MP3/MP4 产品实例软件层次结构图

　　位于最底层的 Multimedia Platform 是指多媒体应用处理平台。在本系统中就是基于多媒体处理器 GM8180 来实现的硬件平台，它包括多媒体处理器最小系统板和底板上的音/视频 D-A 处理模块。

　　位于硬件平台之上的就是嵌入式 Linux 操作系统内核。它包括各种硬件设备驱动程序、物理链路层网络系统（TCP/IP）、各种文件系统以及视频图像编解码处理驱动模块。本系统所采用的 Linux 操作系统内核版本为 ARM Linux V2.6.14 版本。视频图像编解码处理驱动模块可支持 H.264、MPEG-4 和 JPEG 等几种标准的视频图像压缩编解码算法。

位于嵌入式 Linux 操作系统内核之上的是标准的 Linux C 函数库，包括 gcc 3.4.4 函数库和 glibc 2.3.5 函数库。它主要是方便用户使用一些标准的 C 语言函数来进行软件编程。

位于标准的 Linux C 函数库上的就是各种不同的应用程序，如 SMTP、TFTP、FTP、FDISK 等。

软件采用分层的结构主要是便于进行模块化的开发。

 想一想

1. boot、armboot 和 Linux kernel 功能分别有什么不同？编译环境是一样的吗？
2. 在 MP3/MP4 产品中，MP3/MP4 播放软件是属于什么层次？
3. 在 MP3/MP4 产品中，软件为什么要基于分层的结构来进行设计？

任务 3-3　MP3/MP4 产品软件开发环境的建立

1. Windows 和 Linux 操作系统下共享文件夹设置

我们知道嵌入式 Linux 的内核文件和应用程序都是通过在 Linux 操作系统下的编译工具链来编译链接成最终的可执行文件，但是由于 Linux 的源程序编译软件比较少或者使用不方便，因此很多情况下都是在 Windows 操作系统下用专门的编辑软件（如 Source Insight 或 Ultraedit 等）来编辑，同时编译后的最终可执行文件又可能需要通过 Windows 操作系统的仿真器编程工具或者其他的编程工具烧写到 Flash 中。Linux 软件开发流程如图 2-51 所示，由图可知，在 Linux 软件开发的各个环节中经常会出现 Linux 操作系统和 Windows 操作系统下文件互相传递的问题，因此首先需要建立两种操作系统下的共享文件夹。

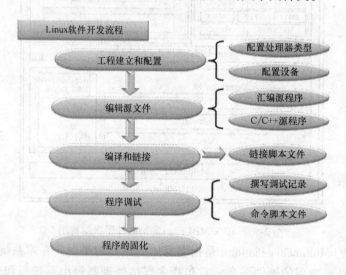

图 2-51　Linux 软件开发流程

在一台 PC 上一般先装有 Windows 操作系统，然后通过在虚拟机安装 Linux 操作系统，从而实现在一台 PC 上同时具有两个操作系统。按如下步骤实现 Linux 操作系统和 Windows 操作系统下的文件夹共享。

（1）在虚拟机 VMware 中设置共享文件夹　在虚拟机 VMware 中设置共享文件夹操作示意图如图 2-52 所示。

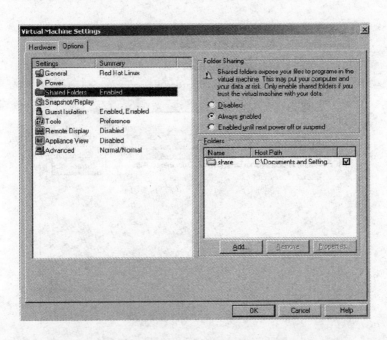

图 2-52 在虚拟机 VMware 中设置共享文件夹操作示意图

（2）添加共享目录 单击 ADD 按钮，添加共享目录。虚拟机 VMware 添加共享目录操作示意图如图 2-53 所示。

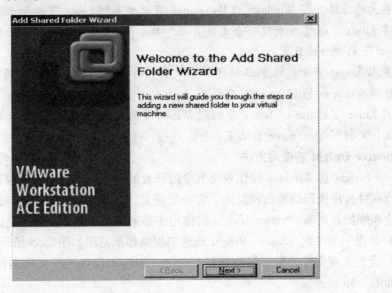

图 2-53 虚拟机 VMware 添加共享目录操作示意图

（3）修改 Windows 和 Linux 的共享目录路径 Windows 和 Linux 的共享目录路径修改操作示意图如图 2-54 所示。

经过上面的操作后，就可以在 Linux 操作系统下直接使用 Windows 目录了。我们可以在 Linux 的/mnt 目录下看到 hgfs 这个新的目录，进入这个目录就可以看到所使用的 share 文件夹了。通过这个文件夹就可以和 Windows 下的 share 共享文件夹实现文件的共享了。

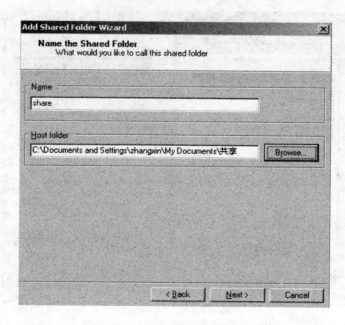

图 2-54　Windows 和 Linux 的共享目录路径修改操作示意图

 做一做

1. 按上述方法，将 Windows 的 D：\source 目录共享到 Linux 下的/mnt/source 目录下。

2. 在 Linux 下通过 vi 新建一个文件 linux_test.c，里面输入简单的 C 语言程序，然后保存到 Linux 下的 source 目录。

3. 在 Windows 下通过记事本新建一个文件 win_test.c，里面输入简单的 C 语言程序，然后保存到 Windows 的 D：\source 目录。

4. 将 Linux 下的 linux_test.c 复制到 Windows 的 D：\source 目录下。再将 Windows 下的 win_test.c 复制到/mnt/ource 目录下。

2. Source Insight 的使用方法

Source Insight 是 Windows 操作系统下专门开发的一个软件程序代码编程工具。它可以方便地进行软件程序代码的编辑和浏览。它功能强大，几乎支持所有的软件语言。同时也可以自动创建和维护数据库。Source Insight 的使用主要采用如下几个步骤来完成：

（1）新建一个工程　Source Insight 新建工程操作示意图如图 2-55 所示。

（2）设置工程文件名称和保存路径　Source Insight 设置工程文件名称和保存路径操作示意图如图 2-56 所示。

（3）增加文件到工程文件中　Source Insight 增加文件到工程文件中的操作示意图如图 2-57 所示。

（4）检查分析工程文件中各个子文件　Source Insight 各窗口功能描述如图 2-58 所示。在 Source Insight 中仔细检查分析各个子文件的工作原理和程序结构。

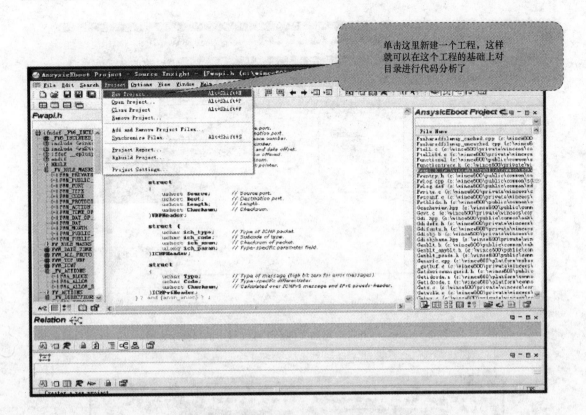

图 2-55　Source Insight 新建工程操作示意图

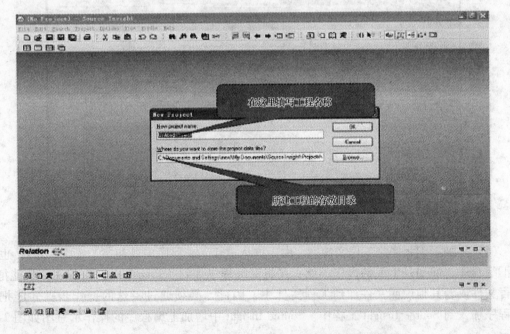

图 2-56　Source Insight 设置工程文件名称和保存路径操作示意图

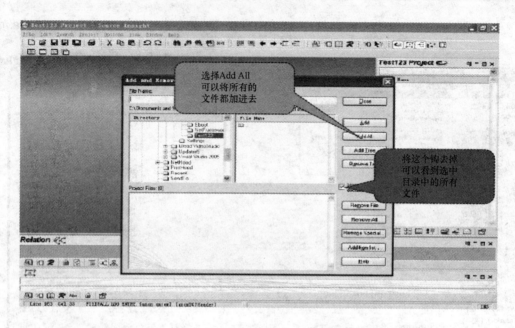

图 2-57　Source Insight 增加文件到工程文件中的操作示意图

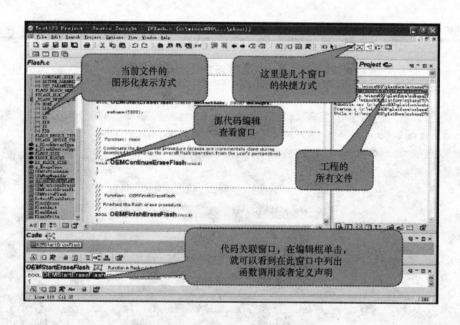

图 2-58　Source Insight 各窗口功能描述

（5）增加汇编程序到工程文件中　由于嵌入式 Linux 程序中既包括 C 程序代码，也包括汇编程序，而通过上面的操作不能直接将汇编程序加到 Source Insight 工程中，只能把 C 语言文件或者其他说明文件加到工程文件中，因此，必须通过特殊的操作步骤才能把汇编程序加入到 Source Insight 工程中。Source Insight 中增加汇编程序的操作示意图如图 2-59 所示。

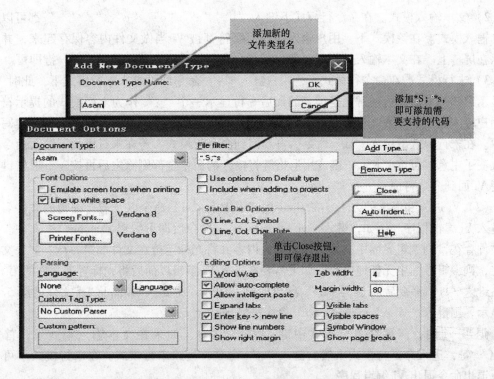

图 2-59   Source Insight 中增加汇编程序的操作示意图

 做一做

1. 按上述方法，在 Source Insight 下新建一个工程，工程名称为 kernel，将 Linux 的内核软件目录(/source/arm-Linux-2.6/Linux-2.6.14-fa)下的所有文件都加入到此工程中。

2. 将该目录下的所有汇编文件也加入到此工程中。

3. 仔细研究此工程下的所有文件，并找出此工程中的主调函数。

3. Linux 下文件编辑的方法

在 Linux 操作系统中，一般用 Vi 编辑工具进行文件的编辑。

Vi 是"Visual Interface"的简称。它在 Linux 上的地位就仿佛 Edit 程序在 DOS 上一样。它可以执行输出、删除、查找、替换、块操作等众多文本操作，而且用户可以根据自己的需要对其进行定制。这是其他编辑程序所没有的。

Vi 不是一个排版程序，它不像 Word 或 WPS 那样可以对字体格式段落等其他属性进行编排。它只是一个文本编辑程序。Vi 没有菜单只有命令，且命令繁多。下面介绍 Vi 的一些基本使用方法。

(1) Vi 的工作模式   Vi 有三种基本工作模式：命令行模式、文本输入模式和末行模式。

1) 命令行模式。任何时候，不管用户处于何种模式，只需按"ESC"键即可使 Vi 进入命令行模式。当在 shell 环境下键入"vi"命令启动 Vi 编辑器时也是处于该模式下。

在该模式下，用户可以输入各种合法的 Vi 命令用于管理自己的文档，此时从键盘上输入的任何字符都被当做编辑命令来解释。若输入的字符是合法的 Vi 命令，则 Vi 在接受用户命令之后完成相应的动作，但需注意的是所输入的命令并不在屏幕上显示出来；若输入的字符不是 Vi 的合法命令，则 Vi 会响铃报警。

2）文本输入模式。在命令行模式下键入"i"、"a"、"o"、"c"、"r"、"s"都可以进入文本输入模式。在该模式下，用户输入的任何字符都被 Vi 当做文件内容保存起来，并将其显示在屏幕上。在文本输入过程中，若想回到命令行模式下，只需按"ESC"键即可。

3）末行模式。在命令行模式下，用户键入"："命令即可进入末行模式下，此时 Vi 会在显示窗口的最后一行通常也是屏幕的最后一行显示一个"："作为末行模式的提示符，等待用户输入命令。多数文件管理命令都是在此模式下执行的，如把编辑缓冲区的内容写到文件中。在末行模式下键入"vi"命令后自动回到命令行模式。若在末行模式下输入命令过程中改变了主意，可按"ESC"键或用退格键将输入的命令全部删除之后再按一下退格键，即可使 Vi 回到命令行模式下。

（2）Vi 进入和退出的方法　在 shell 模式下键入"vi"命令以及需要编辑的文件名，即可进入 Vi 编辑程序。例如，键入"vi example. txt"命令后即可编辑 example. txt 文件。如果该文件存在，则编辑界面中会显示该文件的内容并将光标定位在文件的第一行。如果文件不存在，则编辑界面中无任何内容。如果需要在进入 Vi 编辑界面后将光标置于文件的第 n 行，则在键入"vi"命令后加上"+n"参数即可。例如，需要从 example. txt 文件的第 5 行开始显示，则键入"vi +5 example. txt"命令来实现。

退出 Vi 时，需要在末行模式中键入"q"命令。如果在文本输入模式下，首先按"ESC"键，进入命令行模式。然后键入"："命令，进入末行模式。在末行模式下可使用以下退出命令退出 Vi 编辑程序。

1）键入"q"命令，直接退出。如果在文本输入模式下修改了文件内容则不能退出。

2）键入"wq"命令，保存文件后退出。

3）键入"x"命令，保存文件后退出。

4）键入"q!"命令，不保存文件内容，强制退出。

 做一做

按上述方法，在 Linux 的/tmp 目录下新建一个 test. txt 文件，在其中输入超过 100 个字符。

4. Linux 常用操作命令

Shell 是用户和 Linux 操作系统之间的接口。Linux 中有多种 Shell，其中默认使用的是 bash。Linux 系统的 Shell 作为操作系统的外壳为用户提供使用操作系统的接口，它是一个命令语言解释器，拥有自己内建的 Shell 命令集。Shell 也能被系统中其他应用程序所调用。用户在提示符下输入的命令都由 Shell 先解释然后传给 Linux 核心。

Linux 中的 Shell 有多种类型，其中最常用是 Bourne Shell（sh）、C Shell（csh）和 Korn Shell（ksh），这三种 Shell 各有优缺点。Redhat Linux 系统默认的 Shell 是 bash。对普通用户用 $作提示符，对超级用户用#作提示符。一旦出现了 shell 提示符，就可以键入命令名称及命令所需要的参数。

Linux 下的常见命令有以下几类：

（1）文件操作命令

1）ls 命令。ls 命令就相当于 DOS 下的 dir 命令一样，是文件查询命令。

2）cd 命令。cd 命令是用来进出目录的，它的使用方法和在 DOS 下没什么两样。但和

DOS 不同的是 Linux 的目录对大小写是敏感的。

3）mkdir 和 rmdir 命令。mkdir 命令是用来建立新目录的命令，如输入"mkdir work"命令后，将在当前目录下新建一个 work 目录。rmdir 命令是用来删除已建立的目录的，如输入"rmdir work"命令后，将删除已存在的目录 work。

4）cp 命令。cp 命令相当于 DOS 操作系统下的 copy 命令，如输入"cp - r source target"命令后，则将名称为 source 的源文件（含子目录）复制为名称为 target 的目的文件（含子目录）。参数"-r"是指连同源文件中的子目录一同复制。

（2）用户及用户组管理命令

1）user add 命令。user add 命令可以创建一个新的用户账号，其最基本的命令格式为"user add 用户名"。如输入"user add abc"命令后将为系统新建一个用户名为"abc"的新的用户账号。

2）user del 命令。user del 命令用于删除一个已存在的账号，其最基本的命令格式为"user del 用户名"。如输入"user del abc"命令后将删除系统中已经存在的用户名为"abc"的用户账号。

3）group add 命令。group add 命令可以创建一个新的用户组，其最基本的命令格式为"group add 用户名"。如输入"group add abc"命令后将为系统新建一个用户名为"abc"的新的用户组。

4）group del 命令。group del 命令用于删除一个已存在的用户组，其最基本的命令格式为"group del 用户名"。如输入"group del abc"命令，将删除系统中已经存在的用户名为"abc"的用户组。

5）su 命令。su 命令是用来切换用户权限的，其最基本的命令格式为"su 用户名"。如输入"su aaa"命令后则在当前用户身份下切换到"aaa"用户身份。它可以让一个普通用户拥有超级用户或其他用户的权限，也可以让超级用户以普通用户的身份做一些事情。普通用户使用这个命令时，必须有超级用户或其他用户的口令。如要离开当前用户的身份，可以输入"exit"命令。

（3）进程及任务管理命令 进程是 Linux 操作系统结构的基础，是 Linux 操作系统中一个正在执行的程序。Linux 操作系统用分时管理的方法使所有的任务共同分享系统资源。以下将介绍一些常用的查看和控制进程的命令。

1）ps 命令。ps 命令是进程查看命令。使用该命令可以查看有哪些进程正在运行及其运行的状态。

2）kill 命令。kill 命令是进程结束命令。kill 命令是通过向进程发送指定的信号来结束进程的，其最基本格式为"kill 进程号"。如输入"kill 88"命令，将删除系统中的 88 号进程。

（4）磁盘和文件系统管理命令 管理文件系统其实是相当复杂的工作。下面只介绍日常维护所需要的一些常见文件管理命令，如挂装和卸载硬盘分区等。

1）df 命令。df 命令可以显示目前磁盘剩余的磁盘空间。df 命令常用的参数为"-k"，如输入"df - k"命令后将显示各分区的磁盘空间使用情况。

2）mount 和 umount 命令。mount 命令用来挂载一个文件系统，umount 命令用来卸载一个文件系统。mount 命令虽然有很多参数，但其中大多数都不会在日常工作中用到。mount

命令最常见的格式为"mount［选项］设备目录"。umount 命令最常见的格式为"umount［选项］设备目录"。

 做一做

1. 按上述方法，在 Linux 的/mnt 目录下新建一个 work 子目录，再将/mnt/mtd 目录中的所有文件(包含子目录)全部复制到此目录下。

2. 查看 Linux 系统下运行了多少进程，哪个进程占用的 CPU 资源最多?

3. 查看 Linux 系统下的空余磁盘空间还有多少。

4. 通过执行命令来停止一个无用的 Linux 进程。

5. 在 Linux 系统下增加一个以自己名字为用户名，密码是"123456"的用户，然后再完成本用户和 root 用户之间的切换。

任务3-4　Linux 内核代码的调试

1. Linux 内核功能和特点

Linux 内核是一个庞大而复杂的操作系统的核心，不过尽管系统庞大，但是 Linux 却采用子系统和分层的概念很好地进行了组织。

尽管 Linux 绝对是最流行的开源操作系统，但是相对于其他操作系统的漫长历史来说，Linux 的历史非常短暂。在计算机出现早期，程序员是使用硬件语言在裸硬件上进行开发的。缺少操作系统就意味着在某个时间只有一个应用程序(和一个用户)可以使用这些庞大而又昂贵的设备。早期的操作系统是在 20 世纪 50 年代开发的，用来提供简单的开发体验。

在 20 世纪 60 年代，MIT(Massachusetts Institute of Technology)和一些公司为 GE-645 开发了一个名为 Multics(Multiplexed Information and Computing Service)的实验性的操作系统。这个操作系统的开发者之一 AT&T 后来退出了 Multics，并在 1970 年开发了自己的名为 UNIX 的操作系统。与这个操作系统一同诞生的是 C 语言，C 语言就是为此而开发的，然后它们使用 C 语言对操作系统进行了重写，使操作系统开发具有可移植性。

20 年后，Andrew Tanenbaum 创建了一个微内核版本的 UNIX，名为 Minix(代表 minimal UNIX)，它可以在小型的个人计算机上运行。这个开源操作系统在 20 世纪 90 年代激发了 Linus Torvalds 开发 Linux 的灵感。Linux 内核发展史示意图如图 2-60 所示。

Linux 快速从一个个人项目进化成为一个全球数千人参与的开发项目。对于 Linux 来说，最为重要的决策之一是采用 GPL(GNU General Public License)。在 GPL 保护之下，Linux 内核可以防止商业使用，并且它还从 GNU 项目(Richard Stallman 开发,其源代码要比 Linux 内核大得多)的用户空间开发受益。这允许使用一些非常有用的应用程序，例如 GCC(GNU Compiler Collection)和各种 Shell 支持。

Linux 操作系统的基本体系结构如图 2-61 所示。最上面是用户(或应用程序)空间，这是用户应用程序执行的地方。用户空间之下是内核空间，Linux 内核正是位于这里，GNU C Library(glibc)也在这里。它提供了连接内核的系统调用接口，还提供了在用户空间应用程序和内核之间进行转换的机制。这点非常重要，因为内核和用户空间的应用程序使用的是不同的保护地址空间。每个用户空间的进程都使用自己的虚拟地址空间，而内核则占用单独的地址空间。

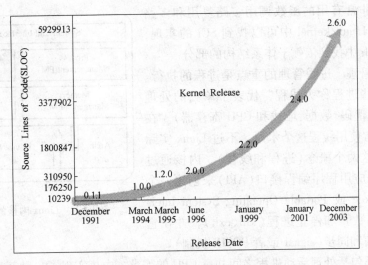

图 2-60   Linux 内核发展史示意图

注："0.1.1、1.0.0、1.2.0、2.0.0、2.2.0、2.4.0"分别表示软件版本号；纵坐标数值表示软件代码的行数。

Linux 内核可以进一步划分成三层。最上面是系统调用接口，它实现了一些基本的功能，例如 read 和 write。系统调用接口之下是内核代码，可以更精确地定义为独立于体系结构的内核代码。这些代码是 Linux 所支持的所有处理器体系结构所通用的。在这些代码之下是依赖于体系结构的代码，构成了通常称为 BSP（Board Support Package）的部分。这些代码用作给定体系结构的处理器和特定于平台的代码。

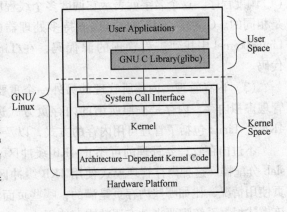

图 2-61   Linux 操作系统的基本体系结构

Linux 内核实现了很多重要的体系结构属性。在或高或低的层次上，内核被划分为多个子系统。Linux 也可以看做是一个整体，因为它会将所有这些基本服务都集成到内核中。这与微内核的体系结构不同，后者会提供一些基本的服务，例如通信、I/O、内存和进程管理，更具体的服务都是插入到微内核层中的。

随着时间的发展，Linux 内核在内存和 CPU 使用方面逐渐具有了较高的效率，并且非常稳定。Linux 内核虽然很复杂，但是具有良好的可移植性。Linux 编译后可在大量处理器和具有不同体系结构约束和需求的平台上运行。一个例子是 Linux 可以在一个具有内存管理单元（MMU）的处理器上运行，也可以在那些不提供 MMU 的处理器上运行。Linux 内核的 uClinux 移植提供了对非 MMU 的支持。

Linux 内核的体系结构如图 2-62 所示。从图 2-62 可以看出，Linux 内核主要包括系统调用接口、进程管理、内存管理、虚拟文件系统、网络堆栈、设备驱动程序以及其他依赖体系结构的代码。

（1）系统调用接口（System Call Interface，SCI）   SCI 层提供了某些机制执行从用户空间到内核的函数调用。这个接口依赖于体系结构，甚至在相同的处理器家族内也是如此。SCI

实际上是一个非常有用的函数调用多路复用和多路分解服务，在/Linux/kernel 中可以找到 SCI 的实现，并在/Linux/arch 中找到依赖于体系结构的部分。

（2）进程管理　进程管理的重点是进程的执行。在内核中，这些进程称为线程，代表了单独的处理器虚拟化（线程代码、数据、堆栈和 CPU 寄存器）。在用户空间，通常使用线程这个术语，不过 Linux 实际上并没有区分这两个概念（进程和线程）。内核通过 SCI 提供了一个应用程序编程接口（API）来创建一个新进程（fork、exec 或 Portable Operating System Interface［POSIX］函数）和停止进程（kill、exit），并在它们之间进行通信和同步（signal 或者 POSIX 机制）。

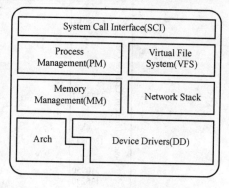

图 2-62　Linux 内核的体系结构

进程管理还包括处理活动进程之间共享 CPU 的需求。内核实现了一种新型的调度算法，不管有多少个线程在竞争 CPU，这种算法都可以在固定时间内进行操作。这种算法就称为 O(1)调度程序，这个名字就表示它调度多个线程所使用的时间和调度一个线程所使用的时间是相同的。O(1)调度程序也可以支持多处理器（称为对称多处理器或 SMP）。用户可以在/Linux/kernel 中找到进程管理的源代码，在/Linux/arch 中可以找到依赖于体系结构的源代码。

（3）内存管理　内核所管理的另外一个重要资源是内存。为了提高效率，如果由硬件管理虚拟内存，内存是按照所谓的内存页方式进行管理的（对于大部分体系结构来说都是 4KB）。Linux 包括了管理可用内存的方式，以及物理和虚拟映射所使用的硬件机制。

不过内存管理要管理的可不止 4KB 缓冲区。Linux 提供了对 4KB 缓冲区的抽象，例如 slab 分配器。这种内存管理模式使用 4KB 缓冲区为基数，然后从中分配结构，并跟踪内存页使用情况，比如哪些内存页是满的，哪些页面没有完全使用，哪些页面为空。这样就允许该模式根据系统需要来动态调整内存使用。

为了支持多个用户使用内存，有时会出现可用内存被消耗光的情况。由于这个原因，页面可以移出内存并放入磁盘中。这个过程称为交换，因为页面会被从内存交换到硬盘上。内存管理的源代码可以在/Linux/mm 中找到。

（4）虚拟文件系统　虚拟文件系统（VFS）是 Linux 内核中非常有用的一个方面，因为它为文件系统提供了一个通用的接口抽象。VFS 在 SCI 和内核所支持的文件系统之间提供了一个交换层。虚拟文件系统的功能示意图如图 2-63 所示。

在 VFS 上面，是对诸如 open、close、read 和 write 之类函数的一个通用 API 抽象。在 VFS 下面是文件系统抽象，它定义了上层函数的实现方式。文件系统抽象是给定文件系统（超过 50 个）的插件。文件系统的源代码可以在/

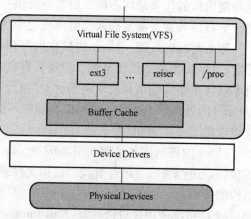

图 2-63　虚拟文件系统的功能示意图

Linux/fs 中找到。

文件系统层之下是缓冲区缓存,它为文件系统层提供了一个通用函数集(与具体文件系统无关)。这个缓存层通过将数据保留一段时间(或者随机预先读取数据,以便在需要时就可以调用)优化了对物理设备的访问。缓冲区缓存之下是设备驱动程序,它实现了特定物理设备的接口。

(5)网络堆栈 网络堆栈在设计上遵循模拟协议本身的分层体系结构。Internet Protocol (IP)是传输协议(通常称为传输控制协议或 TCP)下面的核心网络层协议。TCP 上面是 socket 层,它是通过 SCI 进行调用的。

socket 层是网络子系统的标准 API,它为各种网络协议提供了一个用户接口。从原始帧访问到 IP 协议数据单元(PDU),再到 TCP 和 User Datagram Protocol(UDP),socket 层提供了一种标准化的方法来管理连接,并在各个终点之间移动数据。内核中网络源代码可以在/Linux/net 中找到。

(6)设备驱动程序 Linux 内核中有大量代码都在设备驱动程序中,它们能够运转特定的硬件设备。Linux 源码树提供了一个驱动程序子目录,这个目录又进一步划分为各种支持设备,例如 Bluetooth、I^2C、serial 等。设备驱动程序的代码可以在/Linux/drivers 中找到。

(7)依赖体系结构的代码 尽管 Linux 很大程度上独立于所运行的体系结构,但是有些元素则必须考虑体系结构才能正常操作并实现更高效率。/Linux/arch 子目录定义了内核源代码中依赖于体系结构的部分,其中包含了各种特定于体系结构的子目录(共同组成了 BSP)。对于一个典型的桌面系统来说,使用的是 i386 目录。每个体系结构子目录都包含了很多其他子目录,每个子目录都关注内核中的一个特定方面,例如引导、内核、内存管理等。这些依赖体系结构的代码可以在/Linux/arch 中找到。

从应用角度看,Linux 内核的主要任务是 I/O 设备管理、TCP/IP 及任务调度等。Linux 内核表现出高度的可配置性和独立性,可以移植到多种平台上。内核的可配置、可移植性使得 Linux 在许多领域中被广泛使用。Linux 的标准内核发布版本大小为 40~50MB。而嵌入式 Linux 系统虽然只有 2MB 大小的内核,但是同样能够实现网络功能和完整的任务调度。这使得 Linux 可以适用于从高端服务器到嵌入式应用的各等级平台。与之相比,Windows 没有明确的内核概念,它更适合于台式机。Window NT 从未真正地打入高端服务器领域,嵌入式领域的 WinCE 系统也同样遇到了一些结构性困难。

从性能角度看,衡量一个内核优劣的重要指标是多任务环境下的安全性和任务调度效率。在多任务效率的比较上,Linux 内核中的消息机制和通信模式使其在速度和性能上都更具优势。而 Windows 9X 系列(包括 Windows Me)并没有实现安全的多任务环境,Windows 2000/NT 虽在安全性上下了功夫,但结果仍然存在诸多的安全隐患和漏洞。

Linux 内核代码的目录结构和功能介绍见表 2-12。从此表可以清楚地看出与实现 Linux 相对应功能的软件目录。

表 2-12 Linux 内核代码的目录结构和功能介绍

arch	此目录包含了此核心源代码所支持的硬件体系结构相关的核心代码
include	此目录包括了核心的大多数 include 文件。另外,对于每种支持的体系结构分别有一个子目录
init	此目录包含核心启动代码

（续）

mm	此目录包含了所有的内存管理代码。与具体硬件体系结构相关的内存管理代码则位于 arch/ * /mm 目录下，如对应于 X86 的就是 arch/i386/mm/fault. c
drivers	此目录包含系统中所有的设备驱动。它又进一步划分成几类设备驱动，每一种也有对应的子目录，如声卡的驱动对应于 drivers/sound
ipc	此目录包含了核心的进程间通信代码
modules	此目录包含已建好可动态加载的模块
fs	此目录包含 Linux 支持的文件系统代码。不同的文件系统有不同的子目录对应，如 ext2 文件系统对应的就是 ext2 子目录
kernel	此目录包含主要的核心代码。同时，与处理器结构相关代码都放在 arch/ * /kernel 目录下
net	此目录包含内核网络部分代码，里面的每个子目录对应于网络的一个方面
lib	此目录包含核心的库代码，与处理器结构相关的库代码被放在 arch/ * /lib/目录下
scripts	此目录包含用于配置核心的脚本文件
documents	此目录是一些文档，起参考作用

 想一想

1. Linux 内核主要实现哪些功能？分别主要由 Linux 内核软件中的什么代码来实现？
2. Linux 内核有什么特点？
3. Linux 内核软件代码主要包括哪些子目录？分别实现什么功能？

2. GM8180 的 Linux 内核代码调试

本 MP3/MP4 产品实例的 Linux 内核是 GM8180 芯片公司基于标准的 Linux2. 6. 14 版本和 GM8180 的特征裁剪优化后而得，内核结构与标准的 Linux2. 6 版本一样。GM8180 的 Linux2. 6. 14 内核主要子目录和文件示意图如图 2-64 所示。

```
[scm@localhost linux-2.6.14-fa]$ ls
arch            config_ide_orig  CVS            ipc            Makefile         param_1000.h    sound
build           config_pci_orig  Documentation  Kbuild         Makefile.depend  param_100.h     System.map
build-ramdisk   config_scm       drivers        kernel         make_mbootpImage.sh  README      usr
build-slave     COPYING          fs             lib            mm               REPORTING-BUGS  vmlinux
build_V0        CREDITS          include        MAINTAINERS    Module.symvers   scripts         vmlinux.map
build_V1        crypto           init           makebootp.log  net              security
[scm@localhost linux-2.6.14-fa]$ pwd
/home/scm/Work/GM8180/ver16/arm-linux-2.6/linux-2.6.14-fa
[scm@localhost linux-2.6.14-fa]$
```

图 2-64　GM8180 的 Linux2. 6. 14 内核主要子目录和文件示意图

Linux 内核可以采取两种方式进行编译：一种是 "make menuconfig" 方式，此方式以菜单选项的方式来进行选择；另外一种是 "make xconfig" 方式，此方式以图形的方式来进行选择。

在本实例中，采用前一种方式。具体实现时通过 Makefile 文件来配置相关的选项，然后在 Linux 内核的根目录下编辑了一个 SHELL 命令文件 "build"，GM8180 的 Linux2.6.14 内核编译 SHELL 命令文件内容示意图如图 2-65 所示。Linux 内核软件编译完成后将改名并复制到/home/tftpboot/目录下。

```
set -x
#cp param_100.h include/asm/arch/platform/param.h
make menuconfig
#make modules
#cp drivers/usb/core/usbcore.ko ../target/rootfs-cpio/lib/modules/usbcore.ko
#cp drivers/usb/host/fotg2xx_drv.ko ../target/rootfs-cpio/lib/modules/fotg2xx_drv.ko
#cp drivers/usb/storage/usb-storage.ko ../target/rootfs-cpio/lib/modules/usb-storage.ko
rm -f ./usr/initramfs_data.cpio
make bootsImage
cp arch/arm/boot/bootsImage /home/tftpboot/image_tt
ls -l arch/arm/boot/bootsImage
#sudo cp arch/arm/boot/bootsImage /tftpboot/mbootpImage
#sudo cp -f System.map /tftpboot/
#sudo cp -f vmlinux /tftpboot/
#sudo cp -f vmlinux.map /tftpboot/
#sudo chown nobody:nobody /tftpboot/mbootpImage
```

图 2-65　GM8180 的 Linux2.6.14 内核编译 SHELL 命令文件内容示意图

Linux 内核软件具体编译方法如下：

1）首先进入到 "../arm-Linux-2.6/Linux-2.6.14-fa" 目录下。

2）在此目录下执行 "./build"，会弹出配置菜单界面。GM8180 的 Linux2.6.14 内核配置菜单选项示意图如图 2-66 所示。由于内核的一些设置选项已由芯片公司设置完成，此处

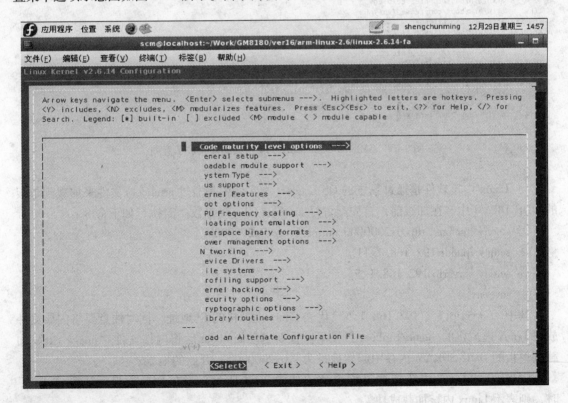

图 2-66　GM8180 的 Linux2.6.14 内核配置菜单选项示意图

只需选择"Exit"选项后继续编译即可。

3）GM8180 的 Linux2.6.14 内核编译完成示意图如图 2-67 所示。编译完成的内核文件
将改名为"image _ tt"并复制到/home/tftpboot/目录下。

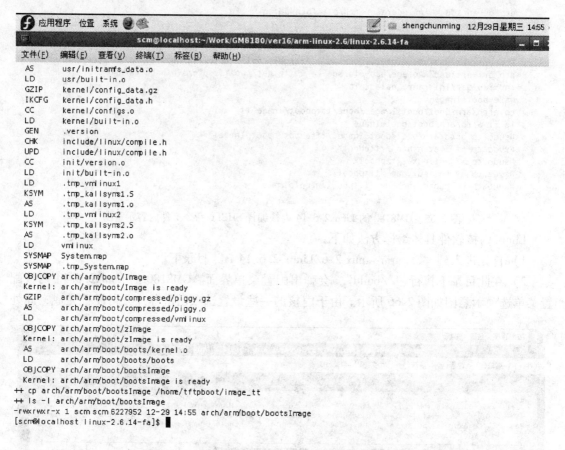

图 2-67　GM8180 的 Linux2.6.14 内核编译完成示意图

4）Linux 内核软件是通过系统的 OS Loader(本实例中是通过 armboot)文件来加载到单板
的 DDR DRAM 中。在加载前，首先配置好 armboot 的一些参数。需执行如下命令：

① setenv bootcmd tftp 0x2000000 normal\ ; go 0x2000000。

② setenv ipaddr 192.168.1.11。

③ setenv serverip 192.168.1.5。

④ saveenv。

其中，serverip 为"192.168.1.5"代表 Linux 虚拟机的 IP 地址。同时注意要将内核文件
放在 Linux 虚拟机的/home/tftpboot 目录下。重新启动 armboot 后将内核文件"image _ tt"加
载到单板的 DDR SDRAM 内存中起始地址为"0x2000000"开始的地方。

GM8180 的 Linux 内核加载过程示意图如图 2-68 所示，当在命令行最后出现"done"
时，则表示 Linux 内核加载成功。

```
Cos>tftp 0x2000000 image_tt
ARP broadcast 1
ARP broadcast 2
eth addr: 00:16:17:96:9a:52
TFTP from server 192.168.1.5; our IP address is 192.168.1.14
Filename 'image_tt'.
Load address: 0x2000000
Loading: ####################################################T ############
######################################################################
######################################################################
######################################################################
######################################################################
######################################################################
######################################################################
######################################################################
######################################################################
######################################################################
######################################################################
######################################################################
##########################
done
Bytes transferred = 6228388 (5f09a4 hex)
Cos>
```

图 2-68　GM8180 的 Linux 内核加载过程示意图

 做一做

1. 按上述方法，重新编译内核文件并将内核文件改名为"image_GM8180"，同时下载到单板以 0x2000000 起始的地址开始处。

2. 修改 start_kernel 函数中的输出版本信息，重新编译再下载到单板 DDR SDRAM 中并执行，同时观察效果有什么变化。

3. 将新编译的内核文件复制到 Windows 的共享目录下，再通过 OS Loader(armboot)加载到单板中，分析加载过程有什么不同。

任务 3-5　MP3 应用程序的调试

1. MP3 应用程序简介

MP3 是一种文件压缩技术，它的英文全称为 MPEG-1 Layer3。所谓的 MPEG，指的是运动图像专家组(Movie Picture Experts Group)，它是国际化组织 ISO(International Standardization Organization)于 1988 年成立的一个专门负责制定有关活动图像压缩编码标准的工作组。MPEG-1 标准(ISO/IEC 11172)、MPEG-2 标准(ISO/IEC 13813)、MPEG-3 标准和 MPEG-4 标准都是通过这个小组制定的。MPEG 压缩格式分为 MPEG Audio Layer-1、Layer-2 和 Layer-3 这三层。

在 MP3 诞生之前，PC 使用者都使用 WAV 格式来录制、下载和播放高品质的声音。但是 WAV 格式的文件都比较大。录制 1min 的 CD 音质的歌曲需要 10MB 的空间，一张 10 首歌曲的 CD 要超过 200MB。这么大的数据量不利于传输和保存，因此需要压缩这些数据。MP3 的压缩比例远远超过 WAV，它将声音中人耳难以听到的 16kHz 以上的高音部分全部截掉。故此 MP3 才能在较少降低音质的前提下，采用 1:10 甚至 1:12 的压缩率，使文件容量大幅度减少，从而有利于音乐文件的存储和传输。

MP3 播放器实质上是能播放这些按照 MP3 压缩格式压缩的音频文件的便携式设备。MP3 播放器播放程序主流程示意图如图 2-69 所示。

首先上电之后主控 MCU 加载引导程序、操作系统和 MP3 播放程序。MP3 播放应用程序等待查看有无播放指令。一旦确认有播放指令，则将对应的 MP3 压缩音频文件复制到内存中，然后再通过 MCU 中的软件解码（解压缩）程序或者 DSP 模块中的硬件解码（解压缩）模块完成 MP3 音频压缩文件的解压缩，恢复出原始的音频数据。接着将原始的音频数据文件发送到 D-A 转换模块进行 D-A 转换，恢复出模拟的音频信号。最后此模拟音频信号经过放大电路再输出给耳机或者音箱，将声音播放出来。

在音频文件播放的过程中，程序不断扫描是否有按键按下，如果有，则按照按键的功能执行相对应的操作。

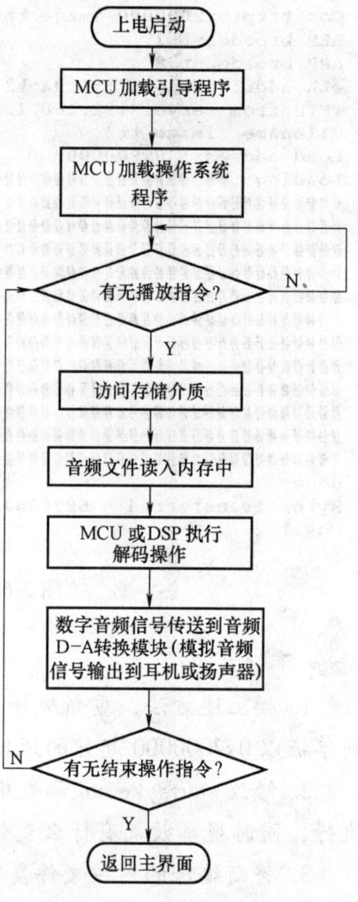

2. MP3 应用程序的调试步骤

MP3 应用程序的调试可以按照下面几个步骤来进行。

（1）建立 MP3 应用程序工程文件　启动 Source Insight，建立一个新的工程文件。将 MP3 应用程序工作目录下的所有文件（包括子目录）都包含进此新工程文件中去。MP3 应用程序目录结构示意图如图 2-70 所示。

（2）分析 ffplay.c 中 main 函数的处理流程　在 Source Insight 中，打开 ffplay.c 文件，仔细分析其中的 main 函数的处理流程。ffplay.c 中 main 函数的源代码如图 2-71 所示。

图 2-69　MP3 播放器播放程序主流程示意图

（3）复制 MP3 的应用程序到共享目录　如果确认源程序不修改的话，则将 MP3 的应用程序复制到 Windows 和 Linux 的共享目录下。再在 Linux 虚拟机下将此程序复制到 home/Work/GM8180/ver16/ffmpeg-0.4.8_mp3 目录下。

（4）编译　在此目录下执行 make clean 命令，先清空原来编译后的临时文件，然后再执行 make 命令，执行新的编译过程。

（5）复制 MP3 音乐文件　通过 Windows 和 Linux 共享文件的方式，将 Windows 下的一个 MP3 格式的音乐文件复制到编译目录，直接按命令格式(./ffmp3　*.mp3)运行编译后生成的 MP3 播放文件，测试播放效果。如果不能正常播放，则需要检查硬件音箱连线和软件程序代码，重新编译调试。

（6）复制 MP3 播放程序到单板的 Flash 中　在上述步骤(5)调试成功后，再把 MP3 播放程序复制到单板的 Flash 中。执行 copy ffmp3 /mnt/mtd 命令，将 MP3 播放程序复制到单板的 Flash 中。同时修改/mnt/mtd/boot.ini 文件，将 ffmp3 加入到单板启动程序中。这样，单板上电后就可以直接执行此程序了。

名称	大小	类型 ▲	修改日期
configure.sh		文件夹	2010-12-1 15:14
CVS		文件夹	2010-12-1 15:14
doc		文件夹	2010-12-1 15:14
libavcodec		文件夹	2010-12-1 15:15
libavformat		文件夹	2010-12-1 15:14
libgm		文件夹	2010-12-1 15:14
libSDL		文件夹	2010-12-1 15:14
tests		文件夹	2010-12-1 15:14
vhook		文件夹	2010-12-1 15:15
berrno.h	1 KB	C or C++ includ...	2010-12-1 15:14
cmdutils.h	1 KB	C or C++ includ...	2010-12-1 15:14
config.h	1 KB	C or C++ includ...	2010-12-1 15:14
cygwin_inttypes.h	1 KB	C or C++ includ...	2010-12-1 15:14
ffserver.h	1 KB	C or C++ includ...	2010-12-1 15:14
xvmc_render.h	2 KB	C or C++ includ...	2010-12-1 15:14
cmdutils.c	4 KB	C source file	2010-12-1 15:14
ffmpeg.c	148 KB	C source file	2010-12-1 15:14
ffplay.c	68 KB	C source file	2010-12-1 15:15
ffread.c	1 KB	C source file	2010-12-1 15:14
ffserver.c	156 KB	C source file	2010-12-1 15:14
output_example.c	14 KB	C source file	2010-12-1 15:14
ffserver.conf	1 KB	CONF 文件	2010-12-1 15:14
v1.3	0 KB	DxDesigner Desi...	2010-12-1 15:14
.libs	0 KB	LIBS 文件	2010-12-1 15:14
config.mak	2 KB	MAK 文件	2010-12-1 15:14
linux_config.mak	1 KB	MAK 文件	2010-12-1 15:14
ffinstall.nsi	2 KB	NSI 文件	2010-12-1 15:15
cmdutils.o	8 KB	O 文件	2010-12-1 15:14
ffmpeg.o	179 KB	O 文件	2010-12-1 15:14
ffplay.o	73 KB	O 文件	2010-12-1 15:14
a.out	16 KB	OUT 文件	2010-12-1 15:14
mkrelease.sh	1 KB	SH 文件	2010-12-1 15:14

图 2-70　MP3 应用程序目录结构示意图

```c
/* Called from the main */
int main(int argc, char **argv)
{
    if (malloc_init() != 0)
      return -1;
    /* register all codecs, demux and protocols */
//    av_register_all();


    register_avcodec(&mp3_decoder);
    /* pcm codecs */
    mp3_init();

    first_protocol= &file_protocol;
    file_protocol.next = NULL;

    parse_options(argc, argv, options);
    mainpid=getpid();

    if (!input_filename)
        show_help();

    if (display_disable) {
        video_disable = 1;
    }

    cur_stream = stream_open(input_filename, file_iformat);
    if (cur_stream == NULL)
        return (-1);
//  if (cur_stream->audio_st)
//    while (SDL_GetAudioStatus() == SDL_AUDIO_STOPPED);
    event_loop();
    return 0;
} ? end main ?
```

图 2-71　ffplay.c 中 main 函数的源代码

做一做

1. 按上述方法，修改程序提示输出信息后，再重新编译 MP3 播放程序。然后调试程序编译后的运行结果。

2. 修改单板/mnt/mtd/boot. ini 文件，让单板一上电后就能播放某个 MP3 文件。

3. 修改单板 MP3 播放程序，让系统能播放其他压缩格式（WAV）的文件。

4. MP3 应用程序功能/性能检查项目表见表 2-13。对照表 2-13 的检查项，检查 MP3 应用程序能否满足各检查项目的功能和性能要求。

表 2-13　MP3 应用程序功能/性能检查项目表

功能/性能检查项	实现程度	功能/性能检查项	实现程度
上电后是否能自动播放 MP3 程序	□是　□否	是否能选择播放音乐文件	□是　□否　□完善
是否能连续自动播放 MP3 程序	□是　□否	播放音乐文件是否连续	□是　□否
连续播放 MP3 文件的间隔时间是多少		是否支持播放 MP3 格式的音乐文件	□是　□否
是否实现选取菜单	□是　□否　□完善	是否支持播放 ADPCM 格式的音乐文件	□是　□否

任务 3-6　MP4 应用程序的调试

1. MP4 应用程序简介

MPEG-4 格式是以微软的 MPEG-4 V3 标准为原型发展而来的。它的视频部分采用 MPEG-4 格式压缩，具有可与 DVD 媲美的高清晰画质；音频部分则以 MP3 格式进行高质量的压缩；最后由视频部分和音频部分组合成效果足以让人耳目一新的 AVI 文件。MPEG-4 是网络视频压缩标准之一，其特点是压缩比高、成像清晰、容量小。一张 DVD-9 碟片，可以存储 10 多部高清晰 MPEG-4 电影。

MPEG-4 视频压缩算法能够提供极高的压缩比，最高达 200：1。更重要的是，MPEG-4 在提供高压缩比的同时，原始数据的内容丢失也不严重。视频图像数据量远远大于音频数据，因此视频图像如果不经过压缩，那么传输和存储将变成一个非常困难的事情。

视频图像压缩的机理主要来自两个方面：一个是图像信息中存在大量的冗余可供压缩，并且这种冗余度在解码后还可无失真地恢复；二是利用人眼的视觉特性，在不被主观视觉察觉的容限内，通过减少表示信号的精度，以一定的客观失真来换取数据压缩。

图像信号的冗余度存在于结构和统计两方面。图像信号结构上的冗余度表现为很强的空间（帧内的）和时间（帧间的）相关性。统计测量证实了视频信号在相邻像素间、相邻

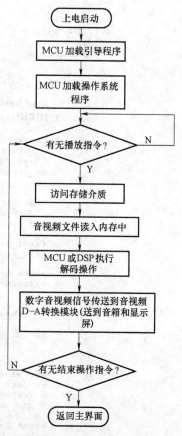

图 2-72　MP4 播放器播放程序主流程示意图

行间、相邻帧间存在的这种强相关性。一般情况下，视频画面中的大部分区域信号变化缓慢，尤其是背景部分几乎不会变化，如电影胶带，连续几十张画面变化很小。

MP4 播放器实质上是能播放这些按照 MP4 压缩格式压缩的视频文件的便携式设备。MP4 播放器播放程序主流程示意图如图 2-72 所示。

首先，上电之后主控 MCU 加载引导程序、操作系统和 MP4 播放程序。MP4 播放应用程序等待查看有无播放指令。一旦确认有播放指令，则将对应的 MP4 压缩音视频文件复制到内存中，然后再通过 MCU 中的软件解码（解压缩）程序或者 DSP 模块中的硬件解码（解压缩）模块完成 MP4 音视频压缩文件的解压缩，恢复出原始的音视频数据。再将原始的音视频数据文件发送到 D-A 转换模块进行 D-A 转换，恢复出模拟的音视频信号。最后，此模拟音视频信号经过滤波放大电路再输出给显示屏、耳机或音箱，将视频和声音播放出来。

在音视频文件播放的过程中，程序不断扫描是否有按键按下，如果有，则按照按键的功能执行相对应的操作。

2. MP4 应用程序的调试步骤

MP4 应用程序的调试可以按照下面几个步骤来进行。

名称	大小	类型 ▲	修改日期
configure.sh		文件夹	2010-12-1 15:13
CVS		文件夹	2010-12-1 15:13
doc		文件夹	2010-12-1 15:13
libavcodec		文件夹	2010-12-1 15:14
libavformat		文件夹	2010-12-1 15:14
libgm		文件夹	2010-12-1 15:13
libSDL		文件夹	2010-12-1 15:13
tests		文件夹	2010-12-1 15:14
vhook		文件夹	2010-12-1 15:14
ver1.6	0 KB	6 文件	2010-12-1 15:13
berrno	1 KB	C compiler header file	2010-12-1 15:14
cmdutils	1 KB	C compiler header file	2010-12-1 15:13
config	1 KB	C compiler header file	2010-12-1 15:13
config_8120	1 KB	C compiler header file	2010-12-1 15:13
config_8150	1 KB	C compiler header file	2010-12-1 15:13
config_8180	1 KB	C compiler header file	2010-12-1 15:13
config_8185	1 KB	C compiler header file	2010-12-1 15:13
cygwin_inttypes	1 KB	C compiler header file	2010-12-1 15:14
ffserver	1 KB	C compiler header file	2010-12-1 15:14
xvmc_render	2 KB	C compiler header file	2010-12-1 15:13
cmdutils	4 KB	C compiler source file	2010-12-1 15:14
fb_function	1 KB	C compiler source file	2010-12-1 15:13
ffmpeg	149 KB	C compiler source file	2010-12-1 15:14
ffplay	74 KB	C compiler source file	2010-12-1 15:14
ffread	1 KB	C compiler source file	2010-12-1 15:14
ffserver	156 KB	C compiler source file	2010-12-1 15:13
output_example	14 KB	C compiler source file	2010-12-1 15:13
ffserver.conf	1 KB	CONF 文件	2010-12-1 15:13
.libs	0 KB	LIBS 文件	2010-12-1 15:14
config	2 KB	MAK 文件	2010-12-1 15:13
config_8120	2 KB	MAK 文件	2010-12-1 15:13
config_8150	2 KB	MAK 文件	2010-12-1 15:14
config_8180	2 KB	MAK 文件	2010-12-1 15:13
config_8185	2 KB	MAK 文件	2010-12-1 15:14
linux24_config	1 KB	MAK 文件	2010-12-1 15:14
linux26_config	1 KB	MAK 文件	2010-12-1 15:13
linux_config	1 KB	MAK 文件	2010-12-1 15:14
ffinstall.nsi	2 KB	NSI 文件	2010-12-1 15:14
cmdutils.o	8 KB	O 文件	2010-12-1 15:13
fb_function.o	3 KB	O 文件	2010-12-1 15:13
ffmpeg.o	179 KB	O 文件	2010-12-1 15:13

图 2-73　MP4 应用程序目录结构示意图

（1）建立 MP4 应用程序工程文件　启动 Source Insight，建立一个新的工程文件。在此工程文件中将 MP4 应用程序工作目录下的所有文件（包括子目录）都包含进去。MP4 应用程序目录结构示意图如图 2-73 所示。

（2）分析 ffplay. c 中 main 函数的处理流程　在 Source Insight 中，打开 ffplay. c 文件，仔细分析此文件中 main 函数的处理流程。MP4 应用程序 main 函数源代码如图 2-74 所示。

```
/* Called from the main */
int main(int argc, char **argv)
{
    if (malloc_init() != 0)
        return -1;
    /* register all codecs, demux and protocols */
    av_register_all();

    printf("argc=%d \n",argc);

    parse_options(argc, argv, options);
    mainpid=getpid();
    printf("mainpid=%d \n",mainpid);

    if (!input_filename)
        show_help();

    if (display_disable) {
        video_disable = 1;
    }
#ifdef ARRAY_NO_MALLOC
    rep_init();
    pack_init(&audio_pack);
    pack_init(&video_pack);
#endif
    cur_stream = stream_open(input_filename, file_iformat);
    if (cur_stream == NULL)
        return (-1);

#ifdef FB_FUNCTION
    cur_stream->forward=cur_stream->video_step=cur_stream->audio_step=cur_stream->should_play=1;
    cur_stream->clear_waiting=0;
#endif
//    if (cur_stream->audio_st)
//        while (SDL_GetAudioStatus() == SDL_AUDIO_STOPPED);
    event_loop();
    return 0;
} ? end main ?
```

图 2-74　MP4 应用程序 main 函数源代码

（3）复制 MP4 的应用程序到共享目录　如果确认源程序不修改的话，则将 MP4 的应用程序复制到 Windows 和 Linux 的共享目录下。再在 Linux 虚拟机下将此程序复制到 home/Work/GM8180/ver16/ffmpeg-0. 4. 8 _ mp3 目录下。

（4）编译　在此目录下执行 make clean 命令，先清空原来编译后的临时文件，然后再执行 make 命令，执行新的编译过程。

（5）复制 MP4 文件　通过 Windows 和 Linux 共享文件的方式，将 Windows 下的一个 MP4 格式的视频文件复制到编译目录，直接按命令格式（. /ffplay － fmt 2 /mnt/nfs/demo. avi）运行编译后生成的 MP4 播放文件，测试播放效果。如果不能正常播放，则需要检查硬件音箱连线和软件程序代码，重新编译调试。

（6）复制 MP4 播放程序到单板的 Flash 中　如果按上面的步骤（5）调试成功的话，则需要把 MP4 播放程序放在单板的 Flash 中。执行 copy ffmp4/mnt/mtd 命令，将 MP4 播放程序复制到单板的 Flash 中。同时修改/mnt/mtd/boot. ini 文件，将 ffplay 加入到单板启动程序中。这样，单板上电后就可以直接执行此程序了。

做一做

1. 按上述方法，修改程序提示输出信息后，再重新编译 MP4 播放程序，然后调试程序编译后的运行结果。

2. 修改单板/mnt/mtd/boot. ini 文件，让单板一上电后就能播放某个 MP4 文件。

3. MP4 应用程序功能/性能检查项目表见表 2-14。对照表 2-14 中的检查项，检查 MP4 应用程序能否满足各检查项目的功能和性能要求。

表 2-14 MP4 应用程序功能/性能检查项目表

功能/性能检查项	实现程度	功能/性能检查项	实现程度
上电后是否能自动播放 MP4 程序	□是 □否	是否能选择播放视频文件	□是 □否 □完善
是否能连续自动播放 MP4 程序	□是 □否	播放视频文件是否连续	□是 □否
连续播放 MP4 文件的间隔时间是多少		是否支持播放 MP4 格式的视频文件	□是 □否
是否实现选取菜单	□是 □否 □完善	是否支持播放 H. 264 格式的视频文件	□是 □否
视频文件播放时图像是否清晰连贯	□是 □否	是否支持播放 AVI 格式的视频文件	□是 □否
视频文件播放时声音是否清晰连贯	□是 □否	是否支持播放 RM 格式的视频文件	□是 □否
视频文件播放时支持的图像分辨率为多少	□1024×768 □800×600 □720×576 □640×320 □其他		

任务 4 MP3/MP4 产品的测试

学习目标

☆ 能理解 MP3/MP4 产品的硬件测试流程。

☆ 能理解 MP3/MP4 产品的软件测试流程。

☆ 会搭建 MP3/MP4 产品的测试环境。

☆ 会进行 MP3/MP4 产品的软硬件测试。

☆ 会撰写 MP3/MP4 产品的测试报告。

工作任务

☆ 建立 MP3/MP4 产品测试环境。

☆ 测试 MP3/MP4 产品。

☆ 撰写 MP3/MP4 产品测试报告。

任务4-1 接受工作任务

本项目任务主要是通过测试 MP3/MP4 产品的功能、性能和稳定性，掌握嵌入式电子产品的软硬件测试方法。

　　一个好的电子产品要想取得市场成功，离不开严格的产品测试流程。一个电子产品从采购元器件到最终的成品销售主要包括采购、研发、测试、生产和销售等几个环节。不经过严格测试而到市场销售的电子产品只能算是产品样机。

　　测试是为了发现错误而进行的检查过程。测试是为了证明设计有错，而不是证明设计无错误。测试用例是为某个特殊目标而编制的一组测试输入、执行条件以及预期结果，以便测试某个程序或核实是否满足某个特定需求。一个好的测试用例是在于它能发现至今未发现的错误，一个成功的测试是发现了"至今未发现的错误"的测试。

　　测试的目的决定了如何去组织测试。如果测试的目的是为了尽可能多地找出错误，那么测试就应该针对设计比较复杂的部分或是以前出错比较多的位置。如果测试的目的是为了给最终用户提供具有一定可信度的质量评价，那么测试就应该针对在实际应用中会经常用到的商业假设。

　　随着社会对产品质量的更高要求，测试工作在产品研发阶段的投入比例已经大大提高。许多知名的国际企业，测试人员的数量要远大于开发人员，而且对于测试人员的技术水平要求也要大于开发人员。

　　嵌入式电子产品的测试主要包括软件测试和硬件测试两部分内容。

　　软件测试的目的是为了尽早发现产品软件中的错误，从而达到提高软件质量、降低软件维护费用的目的。开发者应在编码过程中对各个模块的程序代码进行单元测试，在系统集成时进行集成测试，系统集成完成后再对整个软件进行系统测试。单元测试是在软件开发过程中针对程序模块进行正确性检验。集成测试是在单元测试的基础上，将所有模块按照设计要求组装成系统或子系统，对模块组装过程和模块接口进行正确性检验。软件系统测试不仅是检测软件的整体行为表现，从另一个侧面看，也是对软件开发设计的再确认。进行软件系统测试工作时，测试主要包括界面测试、可用性测试、功能测试、稳定性(强度)测试、性能测试、强壮性(恢复)测试、逻辑性测试、破坏性测试、安全性测试等。

　　开发者要针对单元测试、集成测试和系统测试分别制定"测试计划"。集成测试需要根据"需求分析报告"和"概要设计"制作测试用例，并且必须经过评审。软件测试按照"测试计划"、"需求分析报告"的要求进行，并最终形成"软件测试报告"。

　　硬件测试的目的是为了发现硬件设计原理缺陷、发现成本浪费问题、发现降额不规范设计、发现布局布线的缺陷以及发现 EMC 等专项设计缺陷等，主要内容包括对单板硬件的原理图和 PCB 图进行审查。单板硬件原理图审查的内容主要包括元器件选用的规范性、元器件标注的合法性、接口电路(含保护电路)设计的规范性、典型单元电路的采用、逻辑电路时序合理性以及可编程元器件的内部逻辑等项目。单板 PCB 图审查的内容主要包括 PCB 布局的合理性、网络连接表的正确性以及 PCB 工艺的合理性初审等项目。原理图与 PCB 图审查之后，根据审查之后发现的问题，测试人员编写"单板硬件测试报告"，提交单板硬件设计人员进行修改并跟踪修改效果。

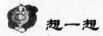 想一想

1. 电子产品在市场发布前为什么要进行详细的测试？
2. 电子产品的测试分为哪两大类？主要包括哪些内容？

任务 4-2 MP3/MP4 产品软硬件测试的实施

1. 软件测试的一些定义

软件测试是指使用人工或者自动手段来运行或测试某个系统的过程，其目的在于检验它是否满足规定的需求并弄清预期结果与实际结果之间的差别。它是帮助识别开发完成（中间或最终的版本）的计算机软件（整体或部分）的正确度（Correctness）、完全度（Completeness）和质量（Quality）的软件过程。软件测试是 SQA（Software Quality Assurance）的重要实施手段。Grenford J. Myers 曾指出软件测试主要包括以下三个目的：

1）测试是为了发现程序中的错误而执行程序的过程。

2）好的测试方案是极可能发现迄今为止尚未发现的错误的测试方案。

3）成功的测试是发现了至今为止尚未发现的错误的测试。

由此可知，这种观点指出测试是以查找错误为中心，而不是为了演示软件的正确功能。如果只从字面意思理解软件测试可能会产生误导，发现错误不是软件测试的唯一目的，软件测试还包括以下一些作用：

1）测试并不仅仅是为了找出错误。测试人员通过分析错误产生的原因和错误的发生趋势，可以帮助项目管理者发现当前软件开发过程中的缺陷，以便及时改进。

2）测试人员通过分析错误产生的原因和错误的发生趋势，也可以帮助测试人员设计出有针对性的测试方法，改善测试的效率和有效性。

3）没有发现错误的测试也是有价值的，完整的测试是评定软件质量的一种方法。

软件测试的主要工作内容包括验证（Verification）和确认（Validation）。

验证是保证软件正确地实现了一些特定功能的一系列活动，即保证软件做了人们所期望的事情。验证可以实现以下目标：

1）确定软件生存周期中的一个给定阶段的产品是否达到前阶段确立的需求的过程。

2）程序正确性的形式证明，即采用形式理论证明程序符合设计规约规定的过程。

3）进行评估、审查、测试、检查、审计等各类活动，或对某些项处理、服务或文件等是否和规定的需求相一致进行判断和提出报告。

确认是通过一系列的活动和过程证实在一个给定的外部环境中软件的逻辑正确性。确认主要包括下面两种形式：

1）静态确认。不在计算机上实际执行程序，通过人工或程序分析来证明软件的正确性。

2）动态确认。通过执行程序作分析，测试程序的动态行为，以证实软件是否存在问题。

软件测试的对象不仅仅是程序测试，软件测试还包括整个软件开发期间各个阶段所产生的文档，如需求规格说明、概要设计文档、详细设计文档。测试过程主要按单元测试、集成测试、确认测试、系统测试及版本测试等几个步骤来进行。

1）单元测试是集中对用源代码实现的每一个程序单元进行测试，检查各个程序模块是否正确地实现了规定的功能。

2）集成测试把已测试过的模块组装起来，主要对与设计相关的软件体系结构的构造进行测试。

3）确认测试则是要检查已实现的软件是否满足了需求规格说明中确定了的各种需求，以及软件配置是否完全、正确。

4）系统测试是把已经经过确认的软件纳入实际运行环境中，与其他系统成分组合在一起进行测试。主要是进行软硬件环境的联合测试。

5）版本测试是对最终的软件版本进行功能测试，主要从用户的角度对最终软件版本进行一个体验式的测试。

 想一想

1. 软件的测试内容主要包括哪两个内容？

2. 软件测试主要包括哪几个步骤？

2. MP3/MP4 产品软件的简单测试

如前所述，一个好的电子产品要保证软件版本的质量，是必须经过严格的软件测试的。MP3/MP4 产品软件也要经过单元测试、集成测试、确认测试、系统测试和版本测试才能最终形成稳定的软件版本发布到市场上运行。

由于篇幅的限制，我们在这里不能对 MP3/MP4 软件一一进行上述几个阶段的模拟测试。下面以"确认测试"这个阶段为例，来进行软件测试的简单体验。

在软件确认测试过程中，一个最重要的目的就是测试软件的鲁棒性，也就是软件运行的稳定性和强壮性。在这个阶段进行的测试，一般要通过软件测试工具才能达到测试目的。根据下面的步骤，可以测试 MP3 播放程序和 MP4 播放程序的稳定性。

（1）MP3/MP4 硬件产品测试线缆连接　将 MP3/MP4 硬件产品通过串口线和网口线连接到调试 PC 上。

（2）MP3/MP4 硬件产品上电自检　给 MP3/MP4 硬件产品上电，在 PC 上的串口调试终端上观察输出信息。待串口输出信息正常后再执行下面的步骤。

（3）编译 MP3 播放程序 ffmp3　在调试 PC 上启动 Linux 虚拟机并登录。在 Linux 虚拟机下编译完成 MP3 播放程序 ffmp3。

（4）Shell 命令组成的 MP3 测试程序的编写　在 PC 的 Linux 虚拟机下编辑用 Shell 命令组成的 MP3 测试程序 mp3_test. sh。mp3_test. sh 文件内容如下：

```
#! /bin/bash
echo-e " \MP3 player program validation test example! \n"
num = 0
while( $ num < 100)
echo-e " \MP3 player program test times $ num\n"
. /ffmp3 tmm. mp3
let num + = 1
done
```

（5）MP3 测试程序下载　通过 TFTP 的方式把 ffmp3、tmm. mp3、mp3_test. sh 三个文件下载到单板的/mnt 目录下。

（6）MP3 测试程序执行　在单板/mnt 目录下执行 mp3_test. sh，观察测试程序执行结果。

（7）Shell 命令组成的 MP4 测试程序的编写　在 PC 的 Linux 虚拟机下编辑用 Shell 命令组成的 MP4 测试程序 mp4_test.sh。mp4_test.sh 文件内容如下：

```
#! /bin/bash
    echo-e "\MP4 player program validation test example！ \n"
    num = 0
    while( $ num < 100)
    echo-e" \MP4 player program test times $ num\n"
    . /ffplay-fmt 2 demo.avi
    let num + = 1
done
```

（8）MP4 测试程序下载　通过 TFTP 的方式把 ffplay、demo.avi、mp4_test.sh 三个文件下载到单板的/mnt 目录下。

（9）MP4 测试程序执行　在单板/mnt 目录下执行 mp4_test.sh。

通过上面的一些步骤，就可以基本完成 MP3 和 MP4 播放程序的鲁棒性测试。上面的程序实际上是通过 Linux 的 Shell 命令来自动执行 MP3 和 MP4 播放程序各 100 遍，这样就可以通过软件测试工具来实现软件代码的自动化测试。

 做一做

按上述方法，修改程序提示输出信息后，再重新编写 Shell 测试程序，一次性测试 MP3 和 MP4 播放程序 20 遍。

3. 电子产品硬件测试的基本流程和测试内容

在单板调试完申请内部验收之前，应先进行自测，以确保每个功能都能实现以及每项指标都能满足。自测完毕后应编写单板硬件测试文档。单板硬件测试文档主要包括单板功能模块划分、各功能模块设计输入输出信号及性能参数、各功能模块测试点确定、各测试参考点实测原始记录及分析、板内高速信号线测试原始记录及分析、系统 I/O 口信号线测试原始记录及分析、整板性能测试结果分析等内容。电子产品硬件测试流程如图 2-75 所示。

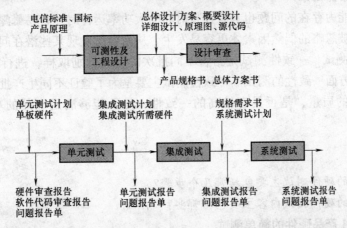

图 2-75　电子产品硬件测试流程

电子产品硬件测试主要包括如下一些内容：

（1）信号质量测试　信号质量测试是通过测试单板上的各种信号质量，根据信号种类的不同，用不同的指标来衡量信号质量的好坏，并对信号质量进行分析，发现系统设计中的不足。

开发人员根据已有的信号质量和时序调试和测试方面的规范和指导书，在单板调试阶段完成对单板信号质量的全面测试并完整记录结果。测试仪器一般是示波器。

（2）时序测试　时序测试是对板内信号时序进行调试，验证信号实际时序关系是否可靠，是否满足元器件要求和设计要求。同时分析设计余量，评价单板工作可靠性。

开发人员根据已有的信号质量和时序调试和测试方面的规范和指导书，在单板调试阶段完成对单板时序（包括逻辑外部时序）的全面调试和测试。测试仪器一般包括示波器和逻辑分析仪。

（3）功能测试　功能测试是根据硬件详细设计报告中提及的功能规格进行测试，验证设计是否满足要求。

功能测试是系统功能实现的基本保证，是需要严格保证测试通过率的。如被测对象与其规格说明、总体/详细设计文档之间存在任何差异的均需要详细描述。功能测试一般包含电源、CPU、逻辑、复位、倒换、监控、时钟及业务等项目。

（4）性能测试（容限测试）　性能测试是指使系统正常工作的输入允许变化范围。容限测试的目的是通过测试明确知道设备到底在什么样的条件范围下能够正常工作，薄弱环节到底在哪里。

（5）容错测试　指通过冗余设计等手段避免、减小某些故障对系统造成的影响以及在外部异常条件恢复后系统能够自动恢复正常的能力。容错测试的目的是要检验系统对异常情况是否有足够的保护，是否会由于某些异常条件造成故障不能自动恢复的严重后果。

容错测试的一般方法就是采用故障插入的方式，模拟一些在产品使用过程中可能会产生的故障因素，进而考察产品的可靠性及故障处理能力的一种测试方法。

（6）长时间验证测试　由于电子类产品很多是需要长时间运行的，所以进行长时间的验证测试是很有必要的。由于某些元器件应用不当所产生的设计问题，在长时间的运行测试过程中也更容易暴露出来。

系统的散热能力存在的问题也只有在长时间的大功率运行时才容易暴露。只有经过长时间的运行，某些被忽略的偶然因素才更容易发生，从而容易发现某些潜在问题。

（7）一致性测试　一致性测试是指将不同批次的产品分别取样，进行测试验证，考察产品功能和性能方面一致性的测试。一致性测试主要是为了验证不同生产批次的产品质量和不同批次元器件的质量，是否具有较高的一致性，是否能够满足产品的功能和使用条件要求。

 想一想

1. 电子产品的硬件测试主要包括哪几个步骤？
2. 电子产品的硬件测试内容主要包括哪些？

4. MP3/MP4 产品硬件的简单测试

如前所述，一个好的电子产品要保证产品硬件的质量，必须经过严格的测试流程进行完整的测试。MP3/MP4 产品硬件也是要经过可测性及工程设计、单元测试、集成测试、确认测试、系统测试才能形成最终的硬件版本发布到市场上。

由于篇幅的限制，我们在这里不能对 MP3/MP4 硬件——进行上述几个阶段的模拟测试。下面以硬件单元测试阶段的单板信号质量测试为例，来进行单板硬件测试的简单体验。

下面举例说明如何测试 MP3/MP4 产品单板硬件信号质量。

（1）接口信号质量的测试

1）将 MP3/MP4 硬件产品通过串口线和网口线连接到 PC 上。

2）给 MP3/MP4 硬件产品上电，在 PC 的串口调试终端上观察输出信息。待串口输出信息正常后，进入到单板的/mnt 目录下。

3）通过 TFTP 方式将 PC 的 MP3 格式的 1kHz 正弦波信号数字文件下载到单板上的/mnt 目录下。在/mnt 目录下循环执行 "./ffmp3 1k. mp3"。

4）通过示波器测量音频 D-A 转换模块左右声道输出接口 RHPOUT 和 LHPOUT 的信号质量。将示波器探头放在电容 C279 和 C298 上，将示波器的接地信号脚放在这两个电容附近。在软件运行时测量输出的模拟正弦波信号的信号质量，并保存和记录。

（2）板内高速信号质量的测试　在系统内部，由于电子产品的高速信号容易出现上冲、下冲和串扰等，从而导致高速信号出现失真。因此在进行电子产品的硬件信号质量测试时，尤其需要关注这些信号线的信号质量。在 MP3/MP4 产品实例中，视频 D-A 转换模块 TW2835 和外接的 SDRAM 缓存之间是高速数字信号（SDRAM 访问接口），如果此接口信号质量不好的话，会导致图形播放质量不好，甚至出现花屏。因此，在进行 MP3/MP4 产品单板硬件高速信号测试时，要重点关注此接口。测试步骤如下：

1）将 MP3/MP4 硬件产品通过串口线和网口线连接到调试 PC 上。

2）给 MP3/MP4 硬件产品上电，在 PC 上的串口调试终端上观察输出信息。待串口输出信息正常后，进入到单板的/mnt 目录下。

3）通过 TFTP 方式将 PC 的 AVI 格式的视频文件下载到单板上的/mnt 目录下。在/mnt 目录下循环执行 "./ffplay － fmt 2 demo. avi"。

4）通过示波器测量 TW2835 和外接的 SDRAM 之间的接口信号，如 TW2835 _ DATA、TW2835 _ ADDR、TW2835 _ RAS、TW2835 _ CAS 等信号，将波形记录下来并保存。

 做一做

1. 按上述方法，测量音频和视频接口信号质量。

2. 分析原理图，测量单板上的关键高速信号的信号质量。

任务 4-3　撰写 MP3/MP4 产品测试报告

产品测试的最终目的是找出产品软硬件设计过程中存在的错误。由于产品测试人员和产品开发人员一般分属于不同的工作团队，为方便于测试人员和开发人员之间的信息交流以及进行产品开发和测试经验的总结和积累，在对产品进行软硬件测试时，都要将详细的测试结果整理成一定格式的文档进行保存。

软件测试报告文档模板目录结构如图 2-76 所示。硬件测试报告文档模板目录结构如图 2-77 所示。测试用例的一般格式见表 2-15。

图 2-76　软件测试报告文档模板目录结构

图 2-77　硬件测试报告文档模板目录结构

表 2-15　测试用例的一般格式

测试用例编号	
测试项目(模块或单元)	
测试子项目(子项目描述)	
测试级别(必测、选测、可测)	
测试条件(环境、仪器等相关要求)	
测试步骤和方法(具体细致的操作方法)	
应达到的指标和预期效果	
备注	

　　不管是软件测试项目还是硬件测试项目，都是由一个一个的测试用例组成。在软件测试报告或者硬件测试报告中，主要记录表 2-15 给出的一些测试用例，来反映软硬件产品的质量和存在的问题。

 做一做

　　1. 对 MP3/MP4 产品进行详细的软件测试。根据软件测试的结果，提交软件测试报告。

　　2. 对 MP3/MP4 产品进行详细的硬件测试。根据硬件测试的结果，提交硬件测试报告。

工作检验和评估

检验项目和参考评分	考 核 内 容
撰写设计方案(15 分)	1. 设计参考资料收集的完备性 2. MP3/MP4 产品硬件工作原理理解的准确性 3. 设计方案文档的质量 4. MP3/MP4 产品内部硬件接口工作原理理解的准确性
制作和调试 MP3/MP4 硬件电路(30 分)	1. MP3/MP4 单板是否调试成功，能否正常播放 MP3 音频文件，能否正常播放 MP4 视频文件 2. 硬件单板调试过程的效率和质量 3. 单板运行的稳定程度 4. 解决问题的能力和效率，以及问题的难易程度
MP3/MP4 软件代码的设计(30 分)	1. MP3/MP4 软件调试环境是否能正常使用 2. Linux 内核代码是否能要求修改成功 3. MP3 应用程序代码是否调试成功，运行是否稳定 4. MP4 应用程序代码是否调试成功，运行是否稳定 5. MP3/MP4 软件代码的理解程度、软件流程图的正确性
MP3/MP4 产品测试(10 分)	1. MP3/MP4 测试环境是否正常 2. MP3/MP4 产品测试过程中发现问题的数量和深度 3. MP3/MP4 产品测试报告文档的质量
其他(15 分)	1. 考勤情况 2. 工作过程中的创新 3. 工作过程中的纪律性 4. 是否能帮助其他成员解决问题 5. 工作总结报告文档的质量和借鉴性，如调试报告或案例分析报告等
合计	

思考与练习

1. 判断题

1.1　MP4 产品可以用于播放 MP3。　　　　　　　　　　　　　　　　　（　　）

1.2　内存管理、设备驱动和虚拟文件系统都属于 Linux 内核的功能。　　（　　）

1.3　MP3/MP4 产品的实现方案中可以不采用 DSP 的方法来实现。　　　（　　）

1.4　在 Linux 系统中 df 命令是用来看硬盘空间还有多少。　　　　　　（　　）

1.5　I²S 总线接口是嵌入式系统中的控制总线接口。　　　　　　　　　（　　）

2. 填空题

2.1　I²C 总线接口在硬件上主要包括_____和_____两根信号线。

2.2　数字音频信号 I²S 总线接口主要包括_____、_____、_____和_____
四根信号线。

2.3　数字视频信号 BT.656 总线接口主要包括_____和_____两类信号线。

2.4　在本项目实例中，底板上的电源信号主要包括_____、_____、_____和
_____等几种电源信号。

2.5　Linux 内核在功能上主要分为_____、_____和_____等几层。

3. 思考题

3.1　MP3 和 MP4 产品的主要差别是什么？

3.2　在 MP3/MP4 产品实例中，boot、armboot 和 Linux kernel 功能分别有什么不同？编译环境是一样的吗？

3.3　Linux 内核主要实现哪些功能？分别主要由 Linux 内核软件中的什么代码来实现？

3.4　在 MP3/MP4 产品软件开发过程中，为什么要设置 Windows 和 Linux 下的共享目录？如何进行设置？

3.5　电子产品的软件和硬件测试内容主要包括哪些？主要包括哪些测试步骤？

项目 3 数码电子相框的设计和调试

数码电子相框是在 MP3/MP4 产品推出后又一流行的多媒体终端电子产品。它实现的功能主要是在一款尺寸较大的液晶显示屏上能循环播放多幅数码照片。实际上数码电子相框一般也具有播放 MP3 音乐和 MP4 视频的功能,那么数码电子相框同 MP3/MP4 主要有什么不同? 数码电子相框的工作原理是怎样的? 它内部的业务处理流程又是如何? 数码电子相框产品的软硬件设计技巧都有哪些? 如何设计一款数码电子相框产品? 通过下面的项目实施,我们将逐步介绍这些设计技术。

项目目标和要求

☆ 能理解数码电子相框产品的工作原理。
☆ 能理解 USB 接口和 SD 卡接口的硬件工作原理。
☆ 会测试和调试数码电子相框产品的硬件电路。
☆ 会编写和调试数码电子相框产品的应用程序。
☆ 会编写和调试 Linux 驱动程序。
☆ 会编写数码电子相框产品的硬件详细设计报告和测试报告。
☆ 能理解嵌入式电子产品设计和测试的流程和规范。

项目工作任务

☆ 撰写数码电子相框产品设计方案。
☆ 分析数码电子相框、USB 和 SD 卡接口硬件电路工作原理。
☆ 调试数码电子相框硬件电路。
☆ 调试 Linux 驱动代码。
☆ 调试数码电子相框应用程序代码。
☆ 测试数码电子相框产品。

项目任务书

本项目主要分为四个子任务来完成。任务 1 是撰写设计方案,任务 2 是制作和调试数码电子相框硬件电路,任务 3 是数码电子相框软件代码的设计和调试,任务 4 是数码电子相框产品的测试。项目3项目任务书见表3-1。

表3-1 项目3项目任务书

工 作 任 务	任务实施流程
任务1 撰写设计方案	任务1-1 接受项目任务
	任务1-2 数码电子相框产品介绍
	任务1-3 资料收集
	任务1-4 数码电子相框产品实例硬件工作原理分析
	任务1-5 撰写设计方案文档
任务2 制作和调试数码电子相框硬件电路	任务2-1 接受工作任务
	任务2-2 PCB文件的识读和单板PCBA检查
	任务2-3 USB接口硬件电路的测试和调试
	任务2-4 SD卡接口硬件电路的测试和调试
任务3 数码电子相框软件代码的设计和调试	任务3-1 接受工作任务
	任务3-2 数码电子相框产品软件结构介绍
	任务3-3 Linux设备驱动代码的调试
	任务3-4 数码电子相框应用程序的调试
任务4 数码电子相框产品的测试	任务4-1 接受工作任务
	任务4-2 数码电子相框产品的简单测试
	任务4-3 撰写数码电子相框产品测试报告

数码电子相框产品也是典型的多媒体终端电子产品。数码电子相框产品的设计和调试不仅会涉及嵌入式电子系统设计的一些软硬件设计和调试技巧，而且也会涉及图像的压缩编码算法。

本项目通过一款数码电子相框产品实例的调试和测试，进一步掌握常见多媒体电子产品的软硬件设计和调测方法。

任务1 撰写设计方案

学习目标

☆ 能理解数码电子相框产品的工作原理。

☆ 能理解USB接口的工作原理。

☆ 能理解SD卡接口的工作原理。

☆ 会收集数码电子相框产品的硬件电路设计相关资料。

☆ 会撰写数码电子相框产品单板设计方案。

工作任务

☆ 收集数码电子相框产品相关处理芯片的设计资料。

☆ 分析数码电子相框产品硬件电路工作原理。

☆ 撰写数码电子相框产品单板设计方案。

任务 1-1　接受项目任务

本项目主要是要通过实际设计和调试一款数码电子相框产品，掌握数码电子产品的软硬件设计调试方法。数码电子相框产品的内部功能框图如图 3-1 所示。

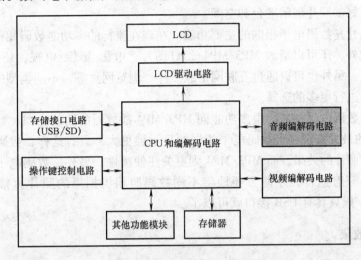

图 3-1　数码电子相框产品的内部功能框图

从图 3-1 可以看出，数码电子相框产品的内部功能框图和 MP3/MP4 产品的内部功能框图基本差不多。但由于数码电子相框产品的功能主要是显示数码照片(图像)，播放音频和视频只是数码电子相框产品的辅助功能，因此在图 3-1 所示的内部功能框图中，音频编解码电路为可选电路模块。其他的功能模块与 MP3/MP4 产品的功能都类似。

其中，CPU 和编解码电路主要完成数码电子相框产品内部的控制功能和图像解码功能。同数字音频和数字视频信号一样，原始数码照片的数据量很大，因此数码照片也必须经过压缩和解压缩的处理后才能正常地进行存储和播放。

音频编解码电路主要是完成模拟音频信号和数字音频信号的 A-D 和 D-A 相互转换功能。

视频编解码电路主要是完成模拟视频信号和数字视频信号的 A-D 和 D-A 相互转换功能。

存储器主要包括系统内部的动态数据存储器和静态程序存储器。动态数据存储器主要由 SDRAM 来实现，静态程序存储器主要由 Flash 来实现。

存储接口电路主要实现外部大容量存储设备的接口处理，如 USB 接口、SD 卡接口或者小硬盘接口处理等。

操作键控制电路主要是进行用户输入键盘的处理，实现用户键盘矩阵的解码分析。

LCD 驱动电路和 LCD 显示屏实现数码电子相框产品的液晶显示功能。不同的是数码电子相框产品的 LCD 显示屏要远远大于 MP3/MP4 产品的 LCD 显示屏。

其他功能模块主要是实现普通数码电子相框产品的扩展功能，如日历显示功能模块、电子书功能模块等。

任务 1-2　数码电子相框产品介绍

数码电子相框是用来观看和分享数码照片(图像)的专门的电子设备。数码相框也称为数字相框，它是在原来普通相框的基础上，将普通相框中间照片部分换成液晶显示屏，配上电源和存储设备，可以直接播放数码照片，使得同一个相框内可以循环播放照片，比普通相框的单一功能更有优势。

数码电子相框可以直接将数码照片通过液晶显示屏展示出来，而不用将照片冲印出来再展示。同时可以在一个相框内循环播放多幅数码照片，给日益增多的数码照片和喜好照片的人们提供一个更好的照片展示平台和空间。

展示数码照片是数码电子相框的主要功能。在现在流行的多功能数码相框中，它除了可以展示数码照片外，还可以播放 MP3/MP4/幻灯图片、电影/影像/电视，还可以看电子书、设置闹钟和日历，另外也可以通过互联网下载照片、浏览网页等。不同类型的电子相框可以供不同需求的人进行更多的选择。

因此实际上数码电子相框的很多功能同 MP3/MP4 播放器的功能类似。数码电子相框同 MP3/MP4 产品的最大差别在于数码电子相框的显示屏更大，只有这样，数码电子相框才能更好地展示数码照片的效果，而 MP3/MP4 则更关注便携性。另外，数码电子相框的存储设备的接口更多，只有这样，才能方便地将不同数码照相机拍摄的照片直接显示出来，而 MP3/MP4 产品一般只具有 USB 接口就可以了。

任务1-3　资料收集

数码电子相框从最初的概念型产品进入市场，至今已有五六年时间。早期的数码电子相框解决方案，多数是移植 DVD 播放器的平台，也有部分使用的是多媒体应用平台（如 PMP），数码相框的专业平台极少。如今，数码相框市场正在经历一个上升期，各种针对数码相框的专业级方案平台逐步发展并日益成熟起来，各种解决方案也层出不穷。以下介绍的都是市场上主流的数码电子相框的解决方案。

1. Atmel 数码电子相框解决方案

Atmel 公司是世界上高级半导体产品设计、制造和行销的领先者，产品包括了微处理器、可编程逻辑元器件、非易失性存储器、安全芯片、混合信号及 RF 射频集成电路。通过这些核心技术的组合，Atmel 生产出了各种通用目的及特定应用的系统级芯片，以满足当今电子系统设计工程师不断增长和演进的需求。Atmel 在系统级集成方面所拥有的世界级专业知识和丰富的经验使其产品可以在现有模块的基础上进行开发，从而保证最小的开发延期和风险。针对数码电子相框产品，Atmel 推出了芯片 AT76C120。

这是一款基于 ARM7TDMI 内核的 CPU。在图像处理上，采用硬件解码 JPEG，解码速度很快，解码一幅图像平均只需 150ms。这款芯片还具有动态图片回放功能，且在动态视频处理上能力也比较强，支持 MPEG-1 和 MPEG-4 标准。AT76C120 支持最高 1600 万像素的图片，这虽然不是目前解决方案中最高的，但足以提供良好的画质。AT76C120 采用数字视频输出，可以直接驱动数字显示屏。除了良好的图像处理能力以外，在外置存储卡的支持上，AT76C120 还支持多种存储介质，包括 SD/MMC、MS/MSPro、Smart Media Card、Compact Flash、MicroDrive（Compact Flash II）等，此外，它还支持板上 NAND Flash 和 Hard Disk（可应用于高清 TV）模块。在 USB 接口方面，AT76C120 支持 USB2.0 Slave 和 USB1.1 Host 接口。

在 Audio 处理上，AT76C120 只支持 MP3 格式，但对于以画面欣赏为主的数码相框产品，这不大会影响其市场前景。这款芯片功耗很低，在 TTL 格式输出时，整机的输出功率

(不包括液晶屏)小于1.5W，且可以兼容5V和12V直流供电。其他功能根据各个方案供应商的开发程度不同而各不相同，但基本部分都包括自动浏览功能，影像的旋转、放大、移动及幻灯片模式，红外遥控，MP3背景音乐的播放，时钟和日历，多语系显示以及OSD菜单等。有些方案商还开发出电子书阅读、手机游戏、可录像留言、TV Recorder等功能。

当然，虽然这款芯片具有如此优越的性能，但它也有性能上的缺陷。这款芯片不支持蓝牙或Wi-Fi，在如今网络如此发达的时代，人们随心所欲地在网上和朋友分享照片的要求越来越强烈，不支持上网和无线传输功能的确是一个很大的缺陷。

2. Amlogic(晶晨半导体)数码电子相框解决方案

晶晨半导体有限公司是一家快速成长的公司，位于上海市浦东新区张江高科技园区。公司整合了美国、上海、深圳三地的资源及技术力量从事基础研究和芯片开发设计。它在美国主要从事基础研究和芯片开发设计，在上海主要从事基于芯片的系统设计开发和客户服务，在深圳主要从事芯片的市场推广和客户服务。随着数字高清时代的来临，该公司自主拥有知识产权的高清视频格式和自主开发的半导体技术，大大提升了国内企业的技术竞争力。

针对数码相框市场，晶晨半导体有限公司推出芯片AML7216，该芯片采用32位精简指令集处理器，同时还集成了视频与图像协处理器，使得AML7216能够高效地完成视频、音频解码以及后处理工作，并完成与外围的数据交互。

在视频与图像处理方面，AML7216采用硬件解码JPEG图片，解码速度较快，使图片显示速度更为迅速，同时也支持动态图片解码，播放速度可达30帧/s@ VGA。静态图片可处理BMP、TIFF、GIF、PNG格式。在视频处理方面，支持MPEG-1、MPEG-2和MPEG-4格式视频，视频输出可支持的解码率包括30帧/s@ NTSC、隔行扫描25帧/s@ PAL、隔行扫描至模拟或数字LCD(最大均支持1024×768像素)。另外芯片内部集成了TCON控制器，可实现模拟屏与数字屏的直接驱动。

在外置存储器的支持方面，能支持的存储卡包括CF、MS、SM、XD和MMC/SD等卡，并且还设有IDE接口，可以连接IDE硬盘，支持内部硬盘与外部USB之间互传数据。该款芯片的USB接口资源十分丰富，集成了两个OTG USB2.0高速控制器，向下兼容USB1.1接口，同时每个接口都可以作为USB主、从设备。

在音频处理方面，AML7216支持MP3、WMA、WAV、AAC、APE、FLAC、ALAC等格式音频播放，同时兼容杜比AC-3(5.1声道)解码，支持HDCD音频解码、虚拟环绕声以及3D音效等。内部集成双通道Delta-Sigma音频DAC以降低音频输出损耗，支持双通道数字(IEC958)和模拟音频输入。

AML7216的软件开发根据方案商的不同而各不相同。AML7216的基本功能有多语言OSD、图片缩小放大、多种文件管理功能(支持复制、删除、修改等)、电子书功能等。有些方案商还加入了可根据周边环境的光照强弱来自动调节LCD背光的功能。

AML7216还支持外接蓝牙功能，可方便地与手机、计算机、蓝牙耳机连接，传输速率快。

3. MXIC(旺宏电子)数码电子相框解决方案

创立于1989年的旺宏电子股份有限公司(以下简称旺宏电子)，是我国台湾三大集成电路企业之一，也是台湾第一家在美国NASDAQ上市的高科技公司，在多项技术领域居于国际领先地位。旺宏在台湾、美国均有研发基地，目前在大陆仅苏州有一个约150人的研发团队。旺宏电子的产品以非挥发性存储器（Non-Volatile Memory）为基础，并以系统整合芯片（System on Chip）为技术发展的长期策略。旺宏电子与系统设计公司共同提出解决方案，提供从研发、设计、生产制造到营销等全面服务。

针对数码相框，MXIC 推出了 MP612。MP612 解码 JPEG 格式图片最大支持 6400 万像素，MP612 仅支持 JPEG 格式的图片解码。MP612 支持 M-JPEG、MPEG-1 和 MPEG-4 等标准格式的视频解码。其中在 M-JPEG 格式下最大支持 30 帧/s@ VGA 的解码率，在 MPEG-1 格式下最大支持 30 帧/s@ CIF 的解码率，在 MPEG-4 格式下支持 30 帧/s@ QVGA 的解码率。在音频处理方面，MXIC 做得也比较全面，能够处理 MP3、WMA、AAC_ LC 和 MPEG Audio Level-1/2 等格式的解码。在外置存储器的支持方面，能支持的存储卡包括 SD/MMC、MS、CF、XD 和 SM 等卡。并且该款芯片还支持 64MB ~ 2GB 的 Build-In Memory。在 USB 接口方面，MP612 支持 USB2. 0，并且具有 OTG 功能，传输速率很快。

在软件功能方面，MP612 做得比较简洁，包括多语言 OSD、图片的缩小和放大、文件管理（支持复制、删除、修改）、边放音乐边看图片等基本功能，除此之外没有太多其他功能。该款芯片把重点放在了图片画质的处理上，专注于高品质画面的处理。

总的来说，MP612 是一款各方面表现都比较均衡的方案，其高像素画质使其在大尺寸数码电子相框市场应用上有不小的优势。

4. Sunplus（凌阳科技）数码电子相框解决方案

1990 年 8 月凌阳科技股份有限公司（以下简称凌阳科技）成立于新竹市，1993 年正式进驻新竹科学园区。2001 年 3 月凌阳科技发行的全球存托凭证（GDR）正式在伦敦交易所挂牌，成为亚洲第一家发行全球存托凭证的 IC 设计公司。凌阳科技的主要业务为研发、制造、营销高质量及高附加价值的消费性集成电路（IC）产品，将通信及多媒体技术商品化，使人们享受高科技带来的欢乐、舒适与便利，提升生活质量。凌阳集团由专注家庭娱乐平台的母公司凌阳科技领军，提供从低端到高端，从个人到家庭，从消费电子产品到通信电子产品的全方位 IC 产品解决方案。

Sunplus 应用于数码相框的芯片主要有两款，即 SPHE8104S 和 SPHE8104F。后者可以看做是前者的一个升级版本，两者性能差别不是太大。下面先对 SPHE8104S 作一个介绍，SPHE8104F 的差异将补充介绍。

在静态图像处理方面，SPHE8104S 芯片能够解码 JPEG、BMP 和 GIF 等格式的图片文件，其解码图片的像素不能超过 600 万像素。这款芯片在视频解码方面的功能比较全面，支持 MPEG-1、MPEG-2 和 MPEG-4 格式的视频解码功能，但不具备 M-JPEG 格式视频的解码功能，也不具备 MPEG-2 的视频回放功能。在音频处理方面，SPHE8104S 支持 MP3 和 WMA 音频的解码。在外置存储卡的支持方面，SPHE8104S 仅支持三合一读卡器：SD/MMC/MS。在 USB 接口方面，SPHE8104S 支持 USB2. 0 Host 接口。与 SPHE8104S 相比，SPHE8104F 在存储卡的支持上比较强大，根据方案商的开发能力不同，能支持 SD/MMC、MS、CF、XD 和 SM 等卡。SPHE8104F 还支持板上的 NAND Flash。在 USB 接口上，SPHE8104F 比 SPHE8104S 稍逊，仅仅支持 USB1. 1 Host 接口。两种型号的芯片在 USB 接口方面都不具备 OTG 功能。

在软件功能方面，不同的方案上稍有差异，但都能实现多语言 OSD、图片的缩小和放大、文件管理（支持复制、删除、修改）、边放音乐边看图片等基本功能。同时还支持万年历时钟的扩展功能。

总的来说，Sunplus 的解决方案由于受其显示效果的限制，属于中端方案，因其具有一定的成本价格优势，在市场上还是占有一定份额。

5. ESS(亿世)数码电子相框解决方案

美国 ESS 技术公司(ESS Technology Inc.)于 1984 年创始于美国加利福尼亚州，公司的创始人将其音响压缩重建的科技发明应用在电子音响图书及问候卡上。ESS 其后将此音响技术运用在计算机上，研制成功第一片立体音响单芯片，将面积庞大的计算机声霸卡浓缩为一片半导体芯片，成为计算机和笔记本电脑音响芯片科技的领路人。今天 ESS 技术公司已发展为全球多媒体、计算机、消费电子等产品的半导体芯片的重要生产商，除了计算机音响芯片之外，ESS 的视频技术(MPEG)和传真/调制解调器技术(Modem)更为客户提供了高性能、技术领先、价格合理的芯片及配套软件解决方案，这是 ESS 公司成功的重要支柱之一。

ESS 应用于数码相框的芯片种类较多，其中以 ESS8381 为主。对于静态图片的处理，ESS8381 支持 JPEG、BMP、GIF 格式图片的解码。但与 Sunplus 面临相同的一个问题，就是所支持的图片像素不能太高，一般不高于 600 万像素。就目前来看，ESS 的解决方案很难在图片格式和大像素上同时兼备。且 ESS 的方案解码时间比较长，一般一幅 500 万像素的图片需要 1~2s。在视频解码方面，ESS8381 支持 MPEG-1 和 MPEG-4 格式视频文件的解码，不支持 M-JPEG 格式视频文件的解码。在音频处理上，ESS8381 支持 MP3 和 WMA 格式音频的解码。在存储卡的支持上，ESS8381 做得比较全面，ESS8381 支持 XD、CF/MicroDrive、SD、MS、MS PRO 和 MMC 等卡。ESS8381 的 USB 接口也比较理想，支持 USB2.0 Host，但如果需要支持 OTG，则需要外置。ESS8381 不支持 NAND Flash，不能实现存储卡与 NAND Flash 的数据对拷。所有 ESS 的解决方案都不支持蓝牙或 Wi-Fi。ESS 的其他解决方案性能与 ESS8381 基本相同，除了在图像支持格式上略有差别。另外，还要指出的是，ESS 的解决方案在图像编辑上很多都是软件实现的，所以处理速度可能比较慢。

在软件上，ESS 解决方案的基本功能有多语言 OSD、图片的缩小和放大、文件管理(支持复制、删除、修改)、AVI 电影播放、边放音乐边看图片。ESS 解决方案还支持万年历时钟扩展功能。

总体来说，ESS 的解决方案和 Sunplus 属于同一个级别，在中低端市场上比较有优势。

6. Zoran(卓然)数码电子相框解决方案

卓然数码科技有限公司(以下简称卓然)总部位于美国加州圣克拉拉，是世界领先的消费类电子产品片上解决方案供应商。经过 20 多年的发展，以及在数字信号处理上的开发研究，卓然数码已具备开发高性能音频、视频以及图像处理芯片的能力。基于卓然芯片的 DVD、DTV、DC 以及图像处理等多种电子产品都获得了广泛的关注与好评。

在数码相框应用上，卓然公司的方案属于中低端，具有较好的成本优势。在静态图像处理上，根据方案商应用芯片的不同，一般都只支持 JPEG 格式文件的解码，只有少数能支持 TIFF、BMP、GIF 格式文件的解码。在视频图像的解码上，卓然公司的方案至少都支持 MPEG-4 格式视频文件的解码，某些方案能支持 MPEG-1 和 MPEG-2 格式视频文件的解码，但都不支持 M-JPEG 格式视频文件的解码。在音频处理上，卓然公司的方案支持 MP3、WMA、和 WAV 格式文件的解码，声音播放效果比较好。卓然公司支持的存储卡类型也因方案商不同而各异，基本都支持 SD 卡、MMC 卡和 MS 卡，少数或后续版本将支持 XD 卡和 CF

卡，不过总体来说，所支持的存储卡比较单一。USB 接口支持 USB2.0，而且 OTG 需要外置实现。从以上的性能可以看出，图像处理上，卓然公司同 Sunplus 和 ESS 公司的方案比较接近，甚至图片处理要更好一些，但其接口支持上要逊色一些。

在软件上，基于卓然芯片的解决方案能提供图片的缩小和放大、文件管理（支持复制、删除、修改）、AVI 电影播放等基本功能，同时也提供边放音乐边看图片和万年历时钟等扩展功能。

以上介绍的方案均为目前市场上较常见的解决方案。其他芯片设计商提供的数码电子相框的方案，在这里就不一一详述了。

在实际设计产品的过程中，需要根据具体的芯片解决方案结合自己的市场需求和市场定位，进行有针对性的裁剪和增加模块等方面的设计，从而设计出一款具体的满足市场和客户需求的数码电子相框产品。

任务 1-4　数码电子相框产品实例硬件工作原理分析

从上面不同品牌数码电子相框的工作原理分析可以看出，同 MP3/MP4 产品类似，数码电子相框产品主要是围绕多媒体处理器芯片来完成。由多媒体处理器芯片完成系统控制和数字音视频信号的解码功能，音视频信号的接口芯片完成数字音视频信号的 D-A 转换功能，存储接口模块对外提供存储设备的访问接口。

本产品实例主要是由一块多媒体处理器最小系统和一块底板组成。多媒体处理器芯片和存储接口模块都集成在多媒体处理器最小系统上，底板上放置各种接口处理模块，多媒体处理器最小系统通过不同的访问接口和底板进行连接，多媒体处理器最小系统提供底板的主要电源信号、控制接口和数字音视频接口。

数码电子相框产品实例内部功能框图如图 3-2 所示。由于在项目 2 中已经对数字音视频接口信号、音视频 D-A 转换模块、电源和时钟模块等都进行了详细的介绍，因此在下面的章节中主要是对系统中的 USB 接口电路和 SD 卡接口电路进行详细介绍。

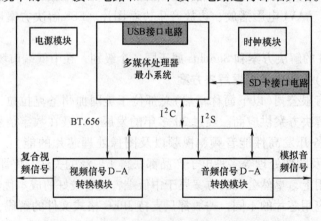

图 3-2　数码电子相框产品实例内部功能框图

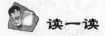 **读一读**

1. USB 接口介绍

USB 接口是 Intel 公司开发的通用串行总线架构，最初开发 USB 接口协议主要是用于方便进行 PC 端口的扩充。在这以前，外围设备的添加总是被相当有限的端口数目限制着，缺少一个双向、价廉、与外设连接的中低速总线，限制了外围设备(诸如电话/电传/调制解调器的适配器、扫描仪、键盘、PDA)的开发。同时，现有的连接只能对极少设备进行优化，对于 PC 新的功能部件的添加需定义一个新的接口来满足上述需要，于是 USB 接口就应运而生。它是快速、双向、同步、动态连接且价格低廉的串行接口，可以满足 PC 现在和未来的发展要求。随着 USB 接口在 PC 上的广泛应用，USB 接口技术也不断地成熟和完善，应用也越来越广泛。USB 接口目前也广泛应用于各种嵌入式设备中。

USB 接口协议针对不同的性能价格比要求提供不同的选择，以满足不同的系统和部件及相应不同的功能，其主要特色可归结为以下几点：

(1) 终端用户的易用性

1) 为接缆和连接头提供了单一模型。

2) 电气特性与用户无关。

3) 自动检测外设，自动地进行设备驱动、设置。

4) 可动态连接和动态重置外设。

(2) 广泛的应用性

1) 适用于不同设备，传输速率从几千位每秒到几十兆位每秒。

2) 在同一线上支持同步、异步两种传输模式。

3) 支持对多个设备的同时操作。

4) 可同时操作 127 个物理设备。

5) 在主机和设备之间可以传输多个数据和信息流。

6) 支持多功能的设备。

7) 利用低层协议，提高了总线利用率。

(3) 同步传输方式可以大大提高总线带宽

1) 确定的带宽和低延迟适合电话系统和音频的应用。

2) 同步工作可以利用整个总线带宽。

(4) 灵活性

1) 支持一系列大小的数据包，允许对设备缓冲器大小的选择。

2) 通过指定数据缓冲区大小和执行时间，支持各种数据传输速率。

3) 通过协议对数据流进行缓冲处理。

(5) 健壮性

1) 出错处理/差错恢复机制在协议中的使用。

2) 对用户感觉而言，热插拔是完全实时的。

3) 可以对有缺陷的设备进行认定。

(6) 与 PC 产业的一致性

1) 协议的易实现性和完整性。

2) 与 PC 的即插即用体系结构的一致性。

3) 对现存操作系统接口的良好衔接。

(7) 价廉物美

1) 以低廉的价格提供 1.5Mbit/s 的子通道设施。

2）将外设和主机硬件进行了最优化的集成。

3）促进了低价格的外设的发展。

4）廉价的电缆和连接头。

（8）灵活的升级方式　体系结构的可升级性支持了在一个系统中可以有多个 USB 主机控制器。

USB 是一种电缆总线，支持在主机和各式各样的即插即用的外设之间进行数据传输。由主机预定的标准协议使各种设备分享 USB 带宽，当其他设备和主机在运行时，总线允许添加、设置、使用以及拆除外设。

USB 接口在硬件上主要包括两根信号线、一根电源线和一根地线，USB 接口示意图如图 3-3 所示。在图 3-3 中的 D + 和 D-两根信号线用于传送信号。

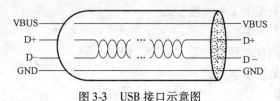

图 3-3　USB 接口示意图

USB1.0 高速信号的比特率可达到 12Mbit/s，而 USB2.0 的传输速率可达到 480Mbit/s。

USB 总线接口中通过 VBUS 和 GND 两根线向设备提供电源。VBUS 使用 5V 电源供电。USB 总线接口对电缆长度的范围要求很宽，最长可为几米。为了保证足够的输入电压和终端阻抗，重要的终端设备应位于电缆的尾部。在每个端口都可检测终端是否连接或分离，并区分出高速或低速设备。

USB 总线属于一种轮循方式的总线，主机控制端口初始化所有的数据传输。每一总线执行动作最多传送三个数据包。按照传输前制定好的原则，在每次传送开始时，主机控制器发送一个描述传输动作的种类、方向、USB 设备地址和终端号的 USB 数据包，这个数据包通常称为标志包（Token Packet）。USB 设备从解码后的数据包的适当位置取出属于自己的数据。数据传输方向不是从主机到设备就是从设备到主机。在传输开始时，由标志包来标志数据的传输方向，然后发送端开始发送包含信息的数据包或表明没有数据传送，接收端也要相应发送一个握手的数据包表明是否传送成功。发送端和接收端之间的 USB 数据传输，在主机和设备的端口之间可视为一个通道。主机和设备的端口之间存在两种类型的通道：流和消息。流的数据不像消息的数据，它没有 USB 所定义的结构，而且通道与数据带宽、传送服务类型以及端口特性（如方向和缓冲区大小）有关。多数通道在 USB 设备设置完成后即存在。USB 中有一个特殊的通道——缺省控制通道，它属于消息通道，当设备一启动即存在，从而为设备的设置、查询状况和输入控制信息提供一个入口。

事务预处理允许对一些数据流的通道进行控制，从而在硬件级上防止了对缓冲区的高估或低估，通过发送不确认握手信号从而阻塞了数据的传输。当不确认信号发送后，若总线有空闲，数据传输将再做一次。这种流控制机制允许灵活的任务安排，可使不同性质的流通道同时正常工作，这样多种流通常可在不同间隔进行工作，传送不同大小的数据包。

在任何 USB 系统中，只有一个主机。USB 和主机系统的接口称为主机控制器，主机控制器可由硬件、驱动程序和应用软件综合实现。根集线器是由主机系统整合的，用以提供更多的连接点。USB 总线的拓扑如图 3-4 所示。

2. SD 卡接口介绍

SD 卡是一个新的大容量存储系统，它是基于半导体技术的变革。它的出现，提供了一个便宜的、结实的卡片式的存储媒介，从而适应多种消费多媒体的应用，如 SD 卡可以设计出价格便宜的播放器和驱动器。一张低耗电和小供电电压的 SD 卡可以满足多种应用，如移动电话、视频播放器、音乐播放器、个人管理器、掌上电脑、电子书、电子百科全书及电子词典等。SD 卡使用非常有效的数据压缩比如 MPEG 压缩方式，可以提供足够的容量来存储多媒体数据。

SD 卡内部功能框图如图 3-5 所示。

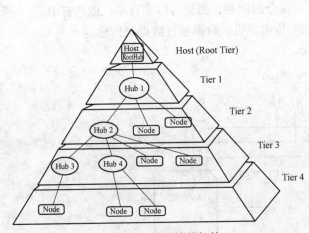

图 3-4　USB 总线的拓扑

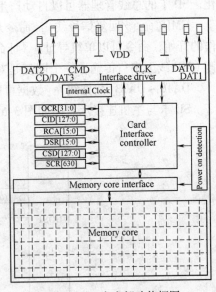

图 3-5　SD 卡内部功能框图

SD 卡接口是主机系统与 SD 卡之间的访问接口，SD 卡接口在硬件上主要由六根信号线来控制，包括 CMD、CLK、DAT0 ~ DAT3。

SD 卡的接口一般可以支持两种操作模式：SD 卡模式和 SPI 模式。

主机系统可以选择以上其中任一模式，SD 卡模式允许 4 线的高速数据传输。SPI 模式允许简单通用的 SPI 通道接口，这种模式相对于 SD 模式的不足之处是传输速率比较低。SD 卡接口引脚定义见表 3-2。

表 3-2　SD 卡接口引脚定义

引　　脚	名　　称	类　　型	描　　述
1	CD/DAT3	I/O/PP	卡监测数据位 3
2	CMD	PP	命令/回复
3	VSS	S	地
4	VDD	S	供电电压
5	CLK	I	时钟
6	VSS2	S	地
7	DAT0	I/O/PP	数据位 0
8	DAT1	I/O/PP	数据位 1
9	DAT2	I/O/PP	数据位 2

注：S：电源供电；I：输入方向；O：输出方向；I/O：输入输出双向；PP：I/O 使用推挽驱动。

SD卡总线宽度可以设置为1~4位等几种不同的宽带模式。当默认上电后，SD卡接口使用DAT0。初始化之后，主机可以改变线宽（即改为2根线、3根线和4根线）。SD卡可以采用混合连接方式与主机相连，在混合连接中，各个SD卡的VDD、VSS和CLK的信号线可以连接在一起。但是，对于命令和数据（DAT0~DAT3）这几根线，各个SD卡必须与主机之间单独连接。

SD卡总线上通信的命令和数据比特流从一个起始位开始，以停止位中止。SD卡总线各信号线的功能分别如下：

CLK（时钟信号线）：每个时钟周期传输一个命令或数据位。频率可在0~25MHz之间变化。SD卡的总线管理器可以自动产生0~25MHz的频率。

CMD（命令/回复信号线）：命令从CMD线上串行传输，一个命令是一次主机到从卡操作的开始，命令可以单机寻址（寻址命令）或呼叫所有卡（广播命令）方式发送。回复也是从该CMD线上串行传输，一个回复是对之前命令的回答，回复可以来自单机或所有卡。

DAT0~DAT3（数据线）：数据可以从卡传向主机。数据通过数据线传输。

SD卡与主机连接示意图如图3-6所示。

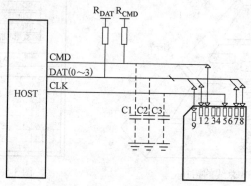

SD card Connection diagram

图3-6　SD卡与主机连接示意图

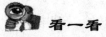 看一看

在本实验系统中，由于考虑到USB接口中差分高速信号线的信号质量的要求，系统的USB接口是直接设计在多媒体处理器最小系统板上，这样USB接口距离GM8180芯片引脚之间的距离就能控制在很短的距离范围之内，从而使得USB接口两根信号线之间的差分阻抗设计起来比较容易。USB接口电路图如图3-7所示，其中U_DM和U_DP为差分信号线，U_VBUS为USB从设备供应电源，U_REF为USB接口主机的参考输入电源。

在本实验系统中，SD卡接口总线由于是并行数据总线，因此，SD卡接口是设计在底板上的。它是通过多媒体处理器最小系统板上的J18插座将SD卡总线从多媒体处理器中引到底板的SD插座上。由于SD卡是放在空间比较大的底板上，因此就可以方便地让用户拔插SD卡了。

多媒体处理器最小系统板和底板之间连接插座J18信号原理图如图3-8所示。

SD卡接口电路如图3-9所示。

其中MOS开关管A03401用于控制输出电源到SD卡端口。当SD卡接口插上SD卡时，SD_CD信号电平为高，表示SD卡在线，此时控制3.3V电源输出到SD卡座上。这样可以达到省电和安全的目的。

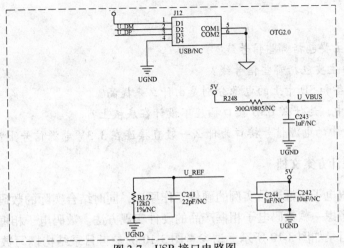

图 3-7　USB 接口电路图

SD/USB/UART

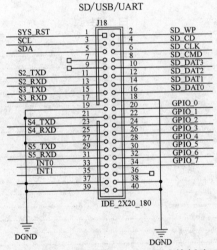

图 3-8　多媒体处理器最小系统板和底板之间连接插座 J18 信号原理图

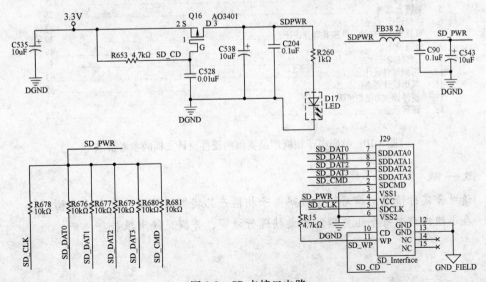

图 3-9　SD 卡接口电路

想一想

1. USB 接口主要包括哪些信号线?
2. SD 卡接口主要包括哪些信号线?
3. USB 从设备和 SD 卡上的电源分别是由什么来提高?
4. 在本系统中,为什么 USB 接口插座不设计在底板上?
5. SD 卡接口中的电源信号接口为什么一般直接连在 3.3V 电源信号上?

任务 1-5　撰写设计方案文档

仔细理解数码电子相框产品实例的硬件工作原理,同时结合实际的数码电子相框产品的实现原理,仔细考虑一款数码电子相框产品的硬件实现方法。数码电子相框产品实例的硬件设计文档的参考目录如图 3-10 所示。请参考图 3-10 的参考目录结构撰写数码电子相框产品实例的硬件设计方案。

目　录

图 3-10　数码电子相框产品实例的硬件设计文档的参考目录

做一做

1. 请结合实际情况,撰写一份数码电子相框产品实例硬件设计方案的文档。
2. 在小组内部对每个组员撰写的文档进行评审,并提交评审报告。

任务 2　制作和调试数码电子相框硬件电路

学习目标

☆ 能理解高速信号电路的基本设计原理。

☆ 能理解 USB 接口、SD 卡接口的基本功能和引脚定义。

☆ 会调试和测试 USB 接口硬件电路。

☆ 会调试和测试 SD 卡接口硬件电路。

工作任务

☆ PCB 文件的识读和单板 PCBA 检查。

☆ 底板电源和时钟电路的测试与调试。

☆ USB 接口硬件电路的测试和调试。

☆ SD 卡接口硬件电路的测试和调试。

任务 2-1　接受工作任务

任务 2 主要是完成数码电子相框硬件电路的调试和测试。由于在本产品实例中，数码电子相框硬件电路和 MP3/MP4 产品的主要区别在于增加了一些对外存储设备接口，因此本任务主要是在恢复实现 MP3/MP4 产品硬件平台的基础上，增加 USB 接口硬件电路和 SD 卡接口硬件电路的测试和调试。主要内容包括单板 PCBA 的检查工作、USB 接口硬件电路的测试和调试以及 SD 卡接口硬件电路的测试和调试。

在此过程中，学会调试和测试多媒体嵌入式设备对外存储设备接口，掌握高速信号电路的基本设计原理和方法，同时理解 USB 接口、SD 卡接口的基本功能和引脚定义。

任务 2-2　PCB 文件的识读和单板 PCBA 检查

1. PCB 文件的识读

为了提高 USB 差分信号的 PCB 走线信号质量，在本实验系统中，USB 接口插座和 USB 信号线都放置在多媒体处理器最小系统板上，USB 接口信号线的 PCB 实现图如图 3-11 所示。其中，USB 接口插座是 J12。USB 接口信号线直接从 J12 插座的四个元件插孔引出，其中里面的两个插孔连接的是电源线和地线，中间两个插孔连接的是信号线。它们的位置参见图 3-11 中标注处。

（1）观察 USB 差分线的布线效果　步骤如下：执行 PADS Layout Setup 菜单下的 Display Colors Setup，只选择显示第 2 层的信号线。观察 USB 差分线的布线效果。USB 差分信号线布线效果图如图 3-12 所示。

（2）观察 SD 卡接口信号线的布线效果　步骤如下：执行 PADS Layout Setup 菜单下的 Display Colors Setup 命令，只选择显示第 2 层的信号线。观察 SD 卡接口信号线的布线效果。SD 卡接口信号线的布线效果图如图 3-13 所示。注意 SD 卡接口 PCB 走线的等长设计。

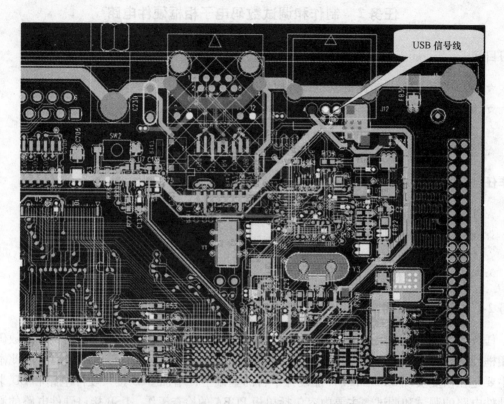

图 3-11　USB 接口信号线的 PCB 实现图

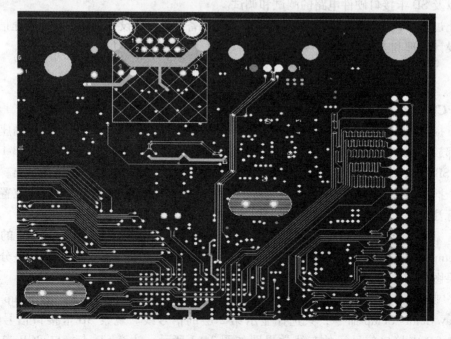

图 3-12　USB 差分信号线布线效果图

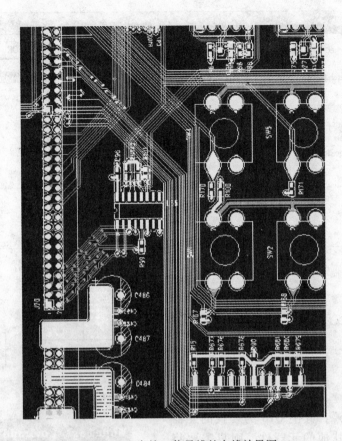

图 3-13　SD 卡接口信号线的布线效果图

 做一做

1. 对照底板原理图，在底板 PCB 上检查单板 SD 卡的信号走线情况。

2. 对照底板原理图，在多媒体处理器最小系统 PCB 上检查 USB 接口的走线情况。

3. 试通过不同的设置只显示 PCB 上顶层和底层元器件的丝印。

2. 单板 PCBA 检查

PCBA 是指在 PCB 上焊接元器件的过程。PCBA 检查是检查 PCB 上的元器件是否按照原理图上的元器件进行焊接，是否存在漏焊和错焊。PCBA 检查涉及原理图上搜索元器件和 PCB 上搜索元器件的过程。

（1）原理图上搜索元器件的方法　首先通过 Orcad Capture 软件打开原理图文件。然后用鼠标选中原理图文件名称，如 mmep-mb. dsn。执行 Edit 菜单下的 Find 命令，在 Find What 文本框中输入"Q16"，然后单击 OK 按钮。经过这样操作后，在原理图页面上就会单独显示出 Q16 元器件。原理图元器件搜索设置窗口如图 3-14 所示。

此时单击 OK 按钮，将直接进入到包含 Q16 的电路模块，其中虚线框内标注的元器件即为选中的元器件。原理图元器件搜索显示效果图如图 3-15 所示。

（2）PCB 文件上搜索元器件的方法　用 PADS Layout 软件打开底板 PCB 文件，同时只显示顶层和底层的元器件。PCB 文件上搜索元器件的命令窗口如图 3-16 所示，在此窗口下

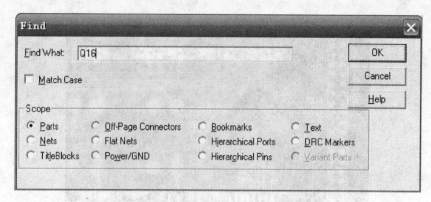

图 3-14　原理图元器件搜索设置窗口

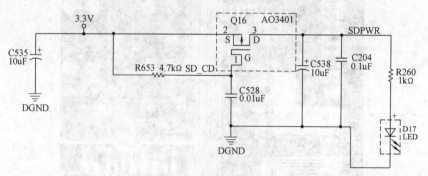

图 3-15　原理图元器件搜索显示效果图

直接输入"SSQ16"，其中 Q16 为要找的元器件。如果要搜索其他的元器件，则只需要将"Q16"改为该元器件的名称就可以了。

底板 PCB 文件上元器件搜索后的显示效果图如图 3-17 所示。被选中的 Q16 元器件如图 3-17 所示，再按 < Page Up > 或 < Page Down > 键以达到最佳的显示效果。

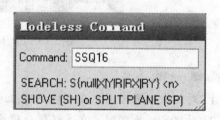

图 3-16　PCB 文件上搜索元器件的命令窗口

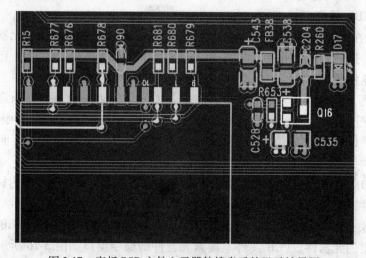

图 3-17　底板 PCB 文件上元器件搜索后的显示效果图

做一做

1. 对照 SD 卡接口电路和 USB 接口电路，检查 PCB 上的元器件焊接情况，单板上是否有焊接错误的情况？元器件是否漏焊？晶体管的管脚是否焊接错误？

2. 检查 PCB 上各模块的配置电阻是否存在焊接错误，阻值是否有误？

3. 检查 PCB 上的其他焊接错误。

任务 2-3　USB 接口硬件电路的测试和调试

1. USB 接口硬件电路的测试

在底板 PCB 文件上，USB 接口硬件电路实际上只包括 USB 接口插座和 USB 信号线。USB 接口插座就是板上的元器件 J12。USB 信号线是指 U_VBUS、GND、U_DM、U_DP 四根信号线。U_VBUS 是电源线。GND 是地线。U_DM、U_DP 是 USB 接口的差分信号线，用来传送数据。在 USB 接口电路硬件调试时首先要检查 USB 接口插座是否焊接牢固。很多情况下，由于 USB 接口插座的质量会导致 USB 从设备不能很好地连接到单板上的多媒体处理器上。如果信号连接上没问题，那很可能就是 U_DM、U_DP 这两根差分信号线之间的差分阻抗控制在 PCB 设计时没做好，或者是 PCB 厂家在生产时差分阻抗控制没做好。

2. USB 接口电路的软件测试

在多媒体处理器最小系统板正常上电后，USB 接口驱动软件会去扫描 USB 接口上的外接设备。如果 USB 接口工作正常，且接口上插有 USB 大容量存储设备，那么系统上电后 USB 接口驱动程序就会显示找到外接的 USB 大容量存储设备。USB 接口工作正常信息显示图如图 3-18 所示。

```
/ffmpeg $ usb 1-1: USB disconnect, address 2

/ffmpeg $ usb 1-1: new high speed USB device using FOTG2XX_DRV and address 3
scsi1 : SCSI emulation for USB Mass Storage devices
  Vendor:          Model: USB FLASH DRIVE    Rev: 34CD
  Type:   Direct-Access               ANSI SCSI revision: 00
SCSI device sda: 2015232 512-byte hdwr sectors (1032 MB)
sda: Write Protect is off
sda: assuming drive cache: write through
SCSI device sda: 2015232 512-byte hdwr sectors (1032 MB)
sda: Write Protect is off
sda: assuming drive cache: write through
 sda: sda1
Attached scsi removable disk sda at scsi1, channel 0, id 0, lun 0

/ffmpeg $
```

```
File  Edit  Setup  Control  Window  Help
/ffmpeg $ cat /proc/partitions
major minor  #blocks  name

  31      0      14080 mtdblock0
  31      1       1024 mtdblock1
  31      2       1024 mtdblock2
   8      0    1007616 sda
   8      1    1007584 sda1
```

图 3-18　USB 接口工作正常信息显示图

做一做

1. 按上述方法，检查 USB 接口的硬件电路是否正常。

2. 按上述方法，通过软件检测系统的 USB 接口是否正常工作。

任务 2-4　SD 卡接口硬件电路的测试和调试

1. SD 卡接口硬件电路的测试

SD 卡接口电路实际上是包含 SD 卡接口信号线、SD 卡接口电源控制电路和 SD 卡座。SD 卡接口信号线包括数据信号线 SD_DATA[3:0]、控制命令信号线 SD_CMD、时钟信号线 SD_CLK、SD 卡在位指示信号线 SD_CD、SD 卡写保护信号线 SD_WP。

在硬件上电调试之前，首先检查 SD 卡插座是否焊接正常和牢固，很多情况下系统出现的复杂问题往往是由一些简单的故障导致的。

硬件上电后，将 SD 卡插入到 SD 卡插座上。首先检查 SD 卡上电指示灯 D17 是否正常。

如果不正常显示的话，则判断 SD_CD 指示信号电平是否为高，然后再判断电源 MOS 开关芯片 AO3401 三极电压是否正常。

指示灯都显示正常后，还要检查 SD 卡接口数据信号线和控制信号线电平是否为高。因为这些信号线都通过电阻上拉，在没有数据传递时这些信号电平都应该为高。

2. SD 卡接口电路的软件测试

在多媒体处理器最小系统板正常上电后，SD 卡接口驱动软件模块会去扫描 SD 卡接口上外接的设备。如果 SD 卡接口工作正常，且接口上插有大容量的 SD 卡存储设备，那么系统上电后 SD 卡接口驱动程序就会显示找到外接的 SD 卡存储设备。SD 卡接口工作正常信息显示图如图 3-19 所示。

```
eth0: RealTek RTL8139 at 0x90c01000, 00:07:40:82:d8:7b, IRQ 145
GM SD controller Driver (AHB DMA mode)
SD: make node with 'mknod /dev/cpesd b 254 0'
mice: PS/2 mouse device common for all mice
```

图 3-19　SD 卡接口工作正常信息显示图

 做一做

1. 按上述方法，检查 SD 卡接口的硬件电路是否正常。

2. 按上述方法，通过软件检测系统的 SD 卡接口是否正常工作。

任务 3　数码电子相框软件代码的设计与调试

学习目标

☆ 能理解数码电子相框产品的软件结构。

☆ 能理解嵌入式 Linux 设备驱动代码的结构。

☆ 会设计与调试数码电子相框产品的应用程序。

☆ 会编译和调试嵌入式 Linux 设备驱动代码。

☆ 会使用嵌入式 Linux 系统的软件开发调试环境。

工作任务

☆ 编译和调试 USB 存储设备的 Linux 设备驱动代码。

☆ 编译和调试 SD 卡存储设备的 Linux 设备驱动代码。

☆ 设计调试电子相框应用程序代码。

任务 3-1　接受工作任务

本项目主要是要通过实际设计和调试数码电子相框产品的软件代码，掌握数码电子产品的软件设计调试方法。同时通过实际编译和调试 USB 存储设备和 SD 卡存储设备的 Linux 设备驱动代码，掌握 Linux 设备驱动代码设计调试技巧。

数码电子相框产品的软件代码也属于典型的嵌入式系统软件。嵌入式 Linux 软件模块划分示意图如图 3-20 所示。

启动代码就相当于项目 1 中介绍的 boot 文件和 Armboot 文件。它主要是完成单板硬件的简单初始化、提供硬件测试代码以及提供操作系统的加载功能（OS Loader）。这二者的具体编译和调试方法在项目 1 的多媒体处理器最小系统中已经详细介绍过。

操作系统相当于 Linux 内核，主要实现嵌

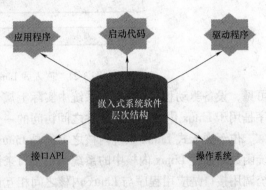

图 3-20　嵌入式 Linux 软件模块划分示意图

入式 Linux 内核调度、驱动设备管理、文件系统和基本协议栈等。Linux 内核的编译和调试方法在项目 2 中已经详细介绍过。

应用程序是指具体的用户程序，比如项目 2 所介绍的 MP3 播放应用程序、MP4 播放应用程序等就属于应用程序的范畴，本项目要实现的数码电子相框应用程序也属于应用程序。

驱动程序是指 Linux 内核和系统硬件之间的接口。通过驱动程序，Linux 内核屏蔽了具体的系统硬件实现细节。在本项目中，通过 USB 和 SD 卡存储设备驱动程序的实现，来介绍 Linux 硬件设备驱动程序的编译和调试方法。

接口 API（Application Programming Interface）是一系列复杂的函数、消息和结构的结合体。在嵌入式系统中，有很多通过嵌入式系统硬件和外设实现的功能，可通过操作系统或硬件预留的标准指令调用，而无需重新编写程序，只需 API 调用就可以完成功能的执行。由于篇幅的限制，此部分内容就不再详述。

任务 3-2　数码电子相框产品软件结构介绍

如前所述，本项目中的数码电子相框产品的软件代码属于典型的嵌入式 Linux 系统软件。嵌入式 Linux 系统软件的层次图如图 3-21 所示。

位于最底层的硬件指的就是嵌入式硬件平台。在本系统中就是指基于多媒体处理器 GM8180 来实现的硬件平台，它由多媒体处理器最小系统板和底板组成。

位于硬件平台之上的就是操作系统内核。它包括各种设备驱动程序、进程控制子系统、进程间通信、调度程序、内存管理、文件子系统、内存管理模块以及其他功能模块等。由此

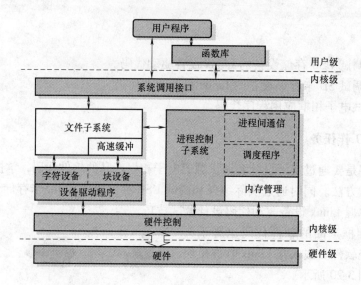

图 3-21　嵌入式 Linux 系统软件的层次图

可见，设备驱动程序在 Linux 系统中实际上属于 Linux 内核的范畴。只不过由于设备驱动程序是用于 Linux 内核和系统硬件之间访问的一个桥梁，感觉上好像是独立的一层软件模块。

位于嵌入式 Linux 系统内核之上的是 Linux 函数库和用户应用程序，用户应用程序和系统函数库通过 Linux 内核中的系统调用接口来访问 Linux 内核。也就是说，Linux 内核中的系统调用接口是应用程序与 Linux 内核之间相互访问的一个桥梁。

想一想

1. Linux 内核通过什么访问硬件设备？
2. 用户应用程序通过什么访问 Linux 内核？
3. Linux 接口 API 程序有什么作用？
4. 嵌入式 Linux 软件主要包括哪些模块？
5. 嵌入式 Linux 软件启动程序主要实现哪些功能？

任务 3-3　Linux 设备驱动代码的调试

1. Linux 设备驱动代码的功能和特点

Linux 设备驱动代码在本质上就是一种软件程序，上层软件可以在不了解硬件特性的情况下，通过驱动提供的接口和嵌入式系统硬件之间进行通信。

系统调用是内核和应用程序之间的接口，而驱动程序是内核和硬件之间的接口，也就是内核和硬件之间的桥梁。它为应用程序屏蔽了硬件的细节，这样在应用程序看来，硬件设备只是一个设备文件，应用程序可以像操作普通文件一样对硬件设备进行操作。

Linux 驱动程序是内核的一部分，管理着系统中的设备控制器和相应的设备。它主要完成下面几个功能：对设备初始化和释放、传送数据到硬件和从硬件读取数据、检测和处理设备出现的错误。

一般来说，一个驱动可以管理一种类型的设备。例如不同的 U 盘都属于大容量存储设备，我们不需要为每一个 U 盘编写驱动，而只需要一个驱动就可以管理所有这些大容量存储设备。

为方便我们加入各种驱动来支持不同的硬件，内核抽象出了很多层次结构，这些层次结构是 Linux 设备驱动的上层。它们抽象出各种不同的驱动接口，驱动只需要填写相应的回调函数，就能很容易地把新的驱动添加到内核。

一般来说，Linux 驱动可以分为三类，即块设备驱动、字符设备驱动和网络设备驱动。块设备的读写都由缓存来支持，并且块设备必须能够随机存取。块设备驱动主要用于磁盘驱动器。而字符设备的 I/O 操作没有通过缓存，字符设备操作以字节为基础，但不是说一次只能执行一个字节操作，例如对于字符设备我们可以通过 MMAP 一次进行大量数据交换，字符设备实现比较简单和灵活。网络设备在 Linux 内作了专门的处理，Linux 的网络系统主要是基于 BSD 的 Socket 机制。网络设备驱动为网络操作提供接口，管理网络数据的接送和收发。为了屏蔽网络环境中物理网络设备的多样性，Linux 对所有的物理设备进行抽象并定义了一个统一的概念，称之为接口（Interface）。所有对网络硬件的访问都是通过接口进行的，接口对上层协议提供一致化的操作集合来处理基本数据的发送和接收，对下层屏蔽硬件差异。它与字符设备及块设备的其中一个不同之处就是网络接口不存在于 Linux 的设备文件系统/dev 目录中。

Linux 驱动有两种存在形式，一种是直接编译进内核，即在配置内核的时候，在相应选项上选 Y；另外一种就是编译成模块，按需加载和卸载。通常使用 insmod 命令完成模块的加载，在加载时还可以指定模块参数。另外，一个常用的加载工具是 modprobe，它与 insmod 的不同之处在于它会检查模块之间的依赖关系，将该模块依赖的模块也加载到内核。

每个驱动都有自己的初始化函数，用来完成一些新功能的注册，这些初始化函数只是在初始化的时候被使用。在 Linux 系统里，设备以文件的形式存在，应用程序可以通过 open、read 等函数操作设备，通过设备文件实现对设备的访问。设备不再使用时，通常使用 rmmod 命令来卸载它，卸载的过程会调用到驱动的退出函数，每个驱动都必须有一个退出函数，没有的话，内核就不会允许去卸载它。

对模块机制的了解是开发 Linux 驱动的基础，因为编写驱动的过程也就是编写一个内核模块的过程。早期版本的内核是整体式的，也就是说所有的部分都静态地链接成一个很大的执行文件。但是现在的内核采用的是新的机制，即模块机制。许多功能包含在模块内，当需要时可以使用 insmod 命令进行加载，将它动态地载入到内核里；当不需要时，则可以使用 rmmod 命令将它卸载。这就使得内核很小，而且在运行的时候可以不用重新启动内核程序（reboot）就能够载入和替代模块。

由此可见，Linux 内核模块主要有两个优点：一是使得内核更加紧凑和灵活，二是修改内核时不必重新编译整个内核。系统若需要使用新模块，只要编译相应的模块，使用 insmod 命令将模块装载即可。模块的目标代码一旦链接进内核，它的作用域和静态链接的内核目标代码就会完全等价。由于内核所占用的内存是不会被换出的，所以链接进内核的模块会给整个系统带来一定的性能和内存利用方面的损失。装入内核的模块就成为内核的一部分，可以修改内核中的其他部分。因此，模块使用不当会导致系统崩溃。

为了让内核模块能访问所有内核资源，内核必须维护符号表，并在装入和卸载模块时修改符号表；模块会要求利用其他模块的功能。所以，内核要维护模块之间的依赖性。

Linux 内核驱动模块和 C 语言应用程序的区别见表 3-3。

表 3-3　Linux 内核驱动模块和应用程序的区别

	C 语言应用程序	Linux 内核模块		C 语言应用程序	Linux 内核模块
运行	用户空间	内核空间	连接	ld	insmod
入口	main( )	module_init( )指定;	运行	直接运行	insmod
出口	无	module_exit( )指定;	调试	gdb	kdbug、kdb、kgdb 等
编译	gcc-c	Makefile			

 想一想

1. Linux 内核驱动程序一般采用什么方式来实现？这样做有什么好处？
2. Linux 内核驱动程序主要包含哪几类？
3. Linux 内核驱动模块与应用程序有什么不同？
4. Linux 内核驱动程序主要是实现什么功能？

2. SD 卡 Linux 设备驱动代码的调试

在本系统中 SD 卡的驱动程序是在 Linux 内核中的 module 目录中，具体路径是 "..\ source\ arm-Linux-2.6\ module\ SD"，主要包含 ftsdc010. h 和 ftsdc010. c 两个文件。SD 卡驱动程序文件结构示意图如图 3-22 所示。

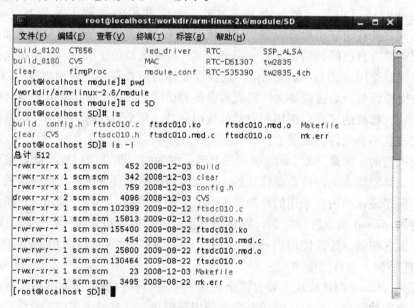

图 3-22　SD 卡驱动程序文件结构示意图

SD 卡驱动程序编译步骤如下：

1）运行 "./clear"，删除上次编译过程中生成的临时文件。

2）运行 "./build"，生成 SD 卡的驱动程序 ftsdc010. ko。

SD 卡驱动程序的使用步骤如下：

1）执行 mkdir /mnt/sd 命令。

2）执行 insmod /lib/modules/ftsdc010. ko 命令。

3）执行 mount-t vfat /dev /cpesda1/mnt/sd 命令。

如果未出现错误提示信息，则 SD 卡驱动程序将正常加载进 Linux 内核中。SD 卡驱动程序成功加载示意图如图 3-23 所示。

```
eth0: RealTek RTL8139 at 0x90c01000. 00:07:40:82:d8:7b, IRQ 145
GM SD controller Driver (AHB DMA mode)
SD: make node with 'mknod /dev/cpesd b 254 0'
mice: PS/2 mouse device common for all mice
```

图 3-23　SD 卡驱动程序成功加载示意图

4）在/mnt/sd 目录下显示的实际上就是 SD 卡中保持的内容，在/mnt/sd 目录下就可以执行 SD 卡的读写操作了。

 做一做

1. 按上述方法，重新编译 SD 卡驱动程序并加载进 Linux 内核中。

2. 通过 COPY 命令来测试 SD 卡设备读写操作是否正常。

3. 测试 SD 卡存储设备的文件读写速度分别是多少？

3. USB 接口 Linux 设备驱动代码的调试

在 Linux2.6 内核协议栈中，USB 协议栈是一个灵活的可扩展的协议栈，USB 协议栈结构图如图 3-24 所示。在 Linux2.6 内核协议栈中，支持多种不同的主机控制器应用（HOST Controller）。HCDI 是 USB Core 和主机控制器之间的协议接口。USB 核和 HCD 之间是通过 HCDI 来交互 USB 控制和数据包。USB Core 通过 HCDI 来控制主机驱动程序和主机控制器。

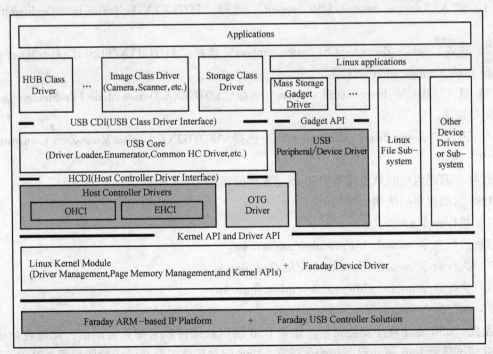

图 3-24　USB 协议栈结构图

在本系统中，USB 接口的驱动程序是在 Linux 内核中的 drivers 目录中，具体路径是

"．．\ source \ arm-Linux-2.6 \ drivers \ USB"。USB 驱动程序文件结构示意图如图 3-25 所示。

名称 ▲	大小	类型	修改日期
📁 atm		文件夹	2010-12-1 15:12
📁 class		文件夹	2010-12-1 15:12
📁 core		文件夹	2010-12-1 15:12
📁 CVS		文件夹	2010-12-1 15:12
📁 gadget		文件夹	2010-12-1 15:12
📁 host		文件夹	2010-12-1 15:12
📁 image		文件夹	2010-12-1 15:12
📁 input		文件夹	2010-12-1 15:12
📁 media		文件夹	2010-12-1 15:12
📁 misc		文件夹	2010-12-1 15:12
📁 mon		文件夹	2010-12-1 15:12
📁 net		文件夹	2010-12-1 15:12
📁 serial		文件夹	2010-12-1 15:12
📁 storage		文件夹	2010-12-1 15:12
📄 .built-in.o.cmd	1 KB	Windows NT 命令...	2010-12-1 15:12
📄 built-in.o	2,029 KB	O 文件	2010-12-1 15:12
📄 Kconfig	5 KB	文件	2010-12-1 15:12
📄 Makefile	3 KB	文件	2010-12-1 15:12
📄 README	3 KB	文件	2010-12-1 15:12
📄 usb-skeleton.c	10 KB	C source file	2010-12-1 15:12

图 3-25   USB 驱动程序文件结构示意图

由于嵌入式 Linux 系统中 USB 协议栈涉及的文件和目录结构比较复杂，因此 Linux 的 USB 驱动一般是通过静态的方式链接进 Linux 内核中。

在本例中，将 USB 驱动程序配置到 Linux 内核中的步骤如下：

1）进入"device driver→USB support"选择"FOTG2XX Full Function Configuration"选项。

2）进入"device driver→SCSI device support"选择"FOTG2XX/FUSBH200 support Mass Storage Class Configuration"选项。

3）进入"device driver→USB support"选择"FOTG2XX Device Mode File Storage Configuration"选项。

4）进入"device driver→USB support"选择"FOTG2XX Device Mode-Zero Configuration for OPT"选项。

这样在编译内核时就直接将 USB 驱动程序编译进 Linux 内核了。

USB 驱动程序的使用步骤如下：

1）执行命令 mkdir /mnt/usb。

2）执行命令 insmod /lib/modules/usbcore.ko。

3）执行命令 insmod /lib/modules/fotg2xx_drv.ko。

4）执行命令 insmod /lib/modules/usb-storage.ko。

5）执行命令 mount /dev/sda1/mnt/usb。

至此，USB 驱动程序安装完毕。如果 USB 接口软硬件模块都正常的话，此时在命令行窗口就应该显示 USB 驱动程序初始化正常。USB 驱动程序安装正常示意图如图 3-26 所示。

6）将 U 盘插入到 USB 接口上，同时运行"cat /proc/partition"。此时将提示 U 盘访问正常的提示信息，此时就可以正常访问 U 盘了。U 盘访问正常提示信息图如图 3-27 所示。

```
File Edit Setup Control Window Help
/ $
/ $ cd /lib/modules/
/lib/modules $ cd /ffmpeg/
/ffmpeg $ ./usbhost.sh
usbcore: registered new driver usbfs
usbcore: registered new driver hub
GM USB 2.0 OTG Controller ...
FOTG2XX_DRV fotg2xx_dev: GM  USB2.0 OTG Controller
FOTG2XX_DRV fotg2xx_dev: new USB bus registered, assigned bus number 1
FOTG2XX_DRV fotg2xx_dev: irq 4, io mem 0xf9130000
FOTG2XX_DRV fotg2xx_dev: park 0
FOTG2XX_DRV fotg2xx_dev: USB 0.0 initialized, EHCI 1.00, driver 10 Dec 2004
hub 1-0:1.0: USB hub found
hub 1-0:1.0: 1 port detected
FOTG200 UDC Initialization
Initializing USB Mass Storage driver...
usbcore: registered new driver usb-storage
USB Mass Storage support registered.
/ffmpeg $ FOTG2XX is now in Mini-A type 0
FOTG2XX_DRV fotg2xx_dev: park 0
FOTG2XX_DRV fotg2xx_dev: USB 0.0 restarted, EHCI 1.00, driver 10 Dec 2004
ID-A OTG Role change... 340
```

图 3-26　USB 驱动程序安装正常示意图

```
/ffmpeg $ usb 1-1: USB disconnect, address 2

/ffmpeg $ usb 1-1: new high speed USB device using FOTG2XX_DRV and address 3
scsi1 : SCSI emulation for USB Mass Storage devices
  Vendor:          Model: USB FLASH DRIVE    Rev: 34CD
  Type:   Direct-Access                      ANSI SCSI revision: 00
SCSI device sda: 2015232 512-byte hdwr sectors (1032 MB)
sda: Write Protect is off
sda: assuming drive cache: write through
SCSI device sda: 2015232 512-byte hdwr sectors (1032 MB)
sda: Write Protect is off
sda: assuming drive cache: write through
 sda: sda1
Attached scsi removable disk sda at scsi1, channel 0, id 0, lun 0

/ffmpeg $
```

```
File Edit Setup Control Window Help
/ffmpeg $ cat /proc/partitions
major minor  #blocks  name

   31     0    14080 mtdblock0
   31     1     1024 mtdblock1
   31     2     1024 mtdblock2
    8     0  1007616 sda
    8     1  1007584 sda1
/ffmpeg $
```

图 3-27　U 盘访问正常提示信息图

 做一做

1. 按上述方法，重新编译 USB 接口驱动程序并加载进 Linux 内核中。
2. 通过 COPY 命令测试 U 盘读写操作是否正常。
3. 测试 U 盘存储设备的文件读和写操作的速度分别是多少？

任务3-4　数码电子相框应用程序的调试

1. 数码电子相框应用程序简介

数码电子相框应用程序主要是实现在液晶屏上播放数码照片的功能。

数码照片也就是数字图像。为方便保持和传输，数字图像一般要采用压缩的方法进行保存和传输。因此数码电子相框应用程序的最主要的功能模块是实现经过压缩后的静止图像的解压缩，恢复出原始的图像数据。

静止图像的压缩方法有很多。但是应用最广泛的是 JPEG 压缩方法。很多数码照相机拍摄的照片都是按照 JPEG 压缩方式来进行压缩的。压缩后的图像文件扩展名是 jpg。

JPEG（Joint Photographic Experts Group）是联合照片（静止）图像专家组的缩写。该标准于 1992 年正式通过，它不仅适用于静止图像的压缩编码，而且也适用于动态图像序列的帧内压缩编码。比如数字视频的 MPEG-4 和 MPEG-2 的帧内压缩编码方式实际上都是采用 JPEG 压缩编码。

数码电子相框实质上是能播放这些按照 JPEG 压缩格式压缩的数字图像文件的多媒体电子设备。数码电子相框播放程序主流程示意图如图 3-28 所示。

首先，上电之后，主控 MCU 加载引导程序、操作系统和数字图像播放程序。数字图像播放程序等待查看有无播放指令。一旦确认有播放指令，则将对应的压缩数字图像文件复制到内存中，然后再通过 MCU 中的软件解码（解压缩）程序或者 DSP 模块中的硬件解码（解压缩）模块完成压缩文件的解压缩，恢复出原始的数字图像数据。再将原始的数字图像数据文件发送到 D-A 转换模块进行 D-A 转换，恢复出模拟的图像信息。

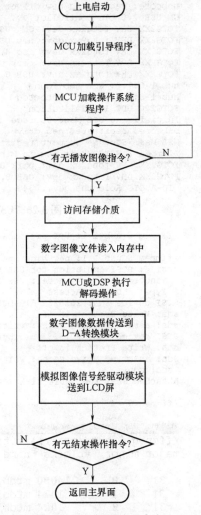

图 3-28　数码电子相框播放程序主流程示意图

最后，此模拟图像信息送到 LCD 液晶屏，在 LCD 显示屏上将图像显示出来。

在图像播放的过程中，程序不断扫描是否有按键按下，如果有，则按照按键的功能执行相对应的操作。

2. 数码电子相框应用程序的调试步骤

数码电子相框应用程序的调试可以按照下面几个步骤来进行。

（1）新建数码电子相框应用程序工程文件　首先用 Source Insight 新建一个工程文件，将数码电子相框应用程序相关的所有文件（包括子目录）都包含进此工程文件中。数码电子相框应用程序目录结构示意图如图 3-29 所示。

（2）分析 main 函数的处理流程　在 Source Insight 中，打开 main.c 文件，仔细分析其中 main 函数的处理流程。数码电子相框应用程序 main 函数部分源代码示意图如图 3-30 所示。

名称 ▲	大小	类型	修改日期
pic		文件夹	2011-1-3 9:16
fb	5 KB	C compiler source file	2010-12-1 15:13
fb	1 KB	C compiler header file	2010-12-1 15:13
jpegplay	131 KB	文件	2010-12-1 15:13
main	7 KB	C compiler source file	2010-12-1 15:13
Makefile	2 KB	文件	2010-12-1 15:13
mjpeg_avcode	4 KB	C compiler source file	2010-12-1 15:13
mjpeg_avcode	1 KB	C compiler header file	2010-12-1 15:13
ratecontrol	5 KB	C compiler source file	2010-12-1 15:13
ratecontrol	2 KB	C compiler header file	2010-12-1 15:13

图 3-29　数码电子相框应用程序目录结构示意图

```c
int main(int argc, char **argv)
{
    char *path;
    int isHaveUsb;
    int fd;

    void *yuvbitstream_buf;
    int ret, i,k;
    int width,height,x_pos,y_pos;
    char tmp_string[64];
    unsigned char    _pth,videoFormat;
    int t1;
    U8 main_colour, minor_colour;
    PictureCtlInfo picture;

// 1 set tw2835
    videoFormat = TW2835_PAL;
    ret = TW2835_new();
    if(ret < 0)
    {
        printf("TW2835_new: fail! ret = %d\n",ret);
        return -1;
    }
    ret = BtlTW2835Sdk_InitDefault( 4, videoFormat);
    if(ret <0)
        printf(" BtlTW2835Sdk_Init ret = %d!\n", ret);
        TW2835_delete();
    }
    for(t1=0;t1<6;t1++)
    {
        BtlTW2835Sdk_BitMapAccClearX(t1,0,0,720,144<<2);
    }
    // clear record(Y) bitmap buffer
    BtlTW2835Sdk_BitMapAccClearY(0,0,720,576);
    BtlTW2835_SetVideoDisplayPar(24, 16,672,544);
    main_colour =OSD_COL_BLU;
    BtlTW2835Sdk_SetFontColX( main_colour, minor_colour);
    BtlTW2835Sdk_BitMapPrintX(0, 248, 520, FONT_CH24X24|FONT_EN12X24, 0, "picture");
#if 1
    picture.disptype=ONE_PICTUREDISPLAY;
    picture.picSet[0]= LOOPBACK_CHANNEL1;//
#else

#endif
    BtlTW2835_SetVideoCtlX(&picture);
    //printf("Usage:\n   #./jpegd [filaname] [width] [height] [shift- x] [shift- y]\n");
    x_pos=y_pos=0;
    if(argc==6)
    {
        x_pos=atoi(argv[4]);
        y_pos=atoi(argv[5]);
        x_pos=(x_pos/4)*4;//must 16 multiple
        y_pos=(y_pos/4)*4;//must 16 multiple
    }

    if(fmjpeg_decoder_init(0,width, height)<0)
    {
        printf("EXIT\n");
```

图 3-30　数码电子相框应用程序 main 函数部分源代码示意图

（3）修改、复制数码电子相框应用程序　根据需要修改数码电子相框应用程序，并将修改确认后的数码电子相框应用程序源代码复制到 Windows 和 Linux 的共享目录下。再在 Linux 虚拟机下将此程序复制到/home/Work/GM8180/ver16/demo/fb_jpeg 目录下。

（4）编译数码电子相框应用程序　在/home/Work/GM8180/ver16/demo/fb_jpeg 目录下执行 make clean 命令，先清空原来编译后的临时文件，然后再执行 make 命令，进行新的编译过程。

（5）复制图像文件　通过 Windows 和 Linux 共享文件的方式，将 Windows 下的多个 JPEG 格式的图像文件复制到编译目录下的 pic 子目录下，执行"./jpegplay"命令运行编译后生成的数字图像播放文件，测试播放效果。如果不能正常播放的话，则需要检查程序代码，重新编译调试。

（6）烧写数码电子相框的播放程序到单板 Flash　如果按上面的步骤（5）调试成功的话，则需要把数码电子相框的播放程序烧写到单板的 Flash 中。执行命令 copy jpeg/mnt/mtd 将数码电子相框的播放程序复制到单板的 Flash 中。同时修改/mnt/mtd/boot.ini 文件，将 jpegplay 加入到单板启动程序中。这样，单板上电后就可以直接执行此程序了。

 做一做

1. 修改程序中的代码，将播放多幅图片过程中的时间间隔改为 2s。

2. 修改程序中的代码，实现单板上电启动后，首先检测系统是否插有 U 盘并且 U 盘中是否有 pic 目录，如果是，则将 pic 目录下的数字图像文件按 3s 的时间间隔循环播放。

3. 数码电子相框应用程序功能/性能检查表见表 3-4。对照表 3-4 的检查项，检查数码电子相框应用程序能否满足各检查项目的功能和性能要求。

表 3-4　数码电子相框应用程序功能/性能检查表

功能/性能检查项	实现程度	功能/性能检查项	实现程度		
上电后是否能自动播放图片文件	□是　　□否	上电后是否能自动检测存储设备上有图片文件	□是　　　□否		
是否能连续播放图片文件	□是　　□否	U 盘存储设备的读写文件的速度是多少	□读　　　　MB/s □写　　　　MB/s		
连续播放图片文件的时间间隔是多少		SD 卡设备的读写文件的速度是多少	□读　　　　MB/s □写　　　　MB/s		
是否实现选取菜单	□是　□否　□完善	是否支持播放 JPEG 格式的视频文件	□是　　　□否		
图片文件播放时是否清晰	□是　　□否	是否支持播放 BMP 格式的视频文件	□是　　　□否		
是否支持播放 TIF 格式的视频文件	□是　　□否				
播放的图片文件的分辨率为多少	□1024×768　　□800×600　　□720×576　　□640×320　　□其他				

任务 4　数码电子相框产品的测试

学习目标

☆　能理解数码电子相框产品的硬件测试流程。
☆　能理解数码电子相框产品的软件测试流程。
☆　会搭建数码电子相框产品的测试环境。
☆　会进行数码电子相框产品的软硬件测试。
☆　会撰写数码电子相框产品的测试报告。

工作任务

☆　建立数码电子相框产品测试环境。
☆　测试数码电子相框产品。
☆　撰写数码电子相框产品测试报告。

任务 4-1　接受工作任务

本项目主要是要通过测试数码电子相框产品的功能、性能和稳定性，掌握嵌入式电子产品的软硬件测试方法。

嵌入式电子产品必须经过复杂的、严格的测试流程形成稳定的产品才能进入市场。研发出来的嵌入式电子产品样机还只能算是产品雏形。产品样机必须经过严格地软硬件测试、环境测试和一致性测试后才能批量生产，形成最终的产品。

嵌入式电子产品的测试流程如图 3-31 所示。嵌入式电子产品的测试流程主要包含如下一些步骤：

1）测试组根据产品规格与总体技术方案拟制系统测试计划，准备和协调测试资源，安排测试进度，明确测试内容和要求，出具"系统测试计划"，作为软硬件测试的基础。

2）测试组根据"软件需求规格说明书"、"硬件需求规格说明书"、"软件总体设计方案"、"硬件总体设计方案"拟制软硬件测试计划。评审通过后，开始进行系统测试设计，即对"系统测试计划"补充具体、可行的系统测试用例库。

3）测试组根据"软件详细设计"的内容和"软件测试计划"的要求，开始软件测试工具的开发及软件代码审查、软件单元测试和软件集成测试，并提交相应的测试报告。根据"单板总体设计"的内容和"硬件测试计划"的要求，开始硬件测试工具的开发及单板软/硬件测试、单板综合测试和硬件集成测试，并提交相应的报告。

4）软、硬件集成测试完成后，测试组根据系统测试设计后的"系统测试计划（详细）"进行系统测试，完成后提交相应的"系统测试报告"。在系统测试过程中，当全部性能指标、主要功能的测试以及部分兼容性、可靠性的测试完成后，会有产品工程部组织进行内部鉴定，出具"内部鉴定结论报告"，随后由产品研发与销售管理委员会组织，依据"内部鉴定结论报告"和其他相关文件，对产品进行试产决策评审。试产决策评审通过后，系统测试继续进行。

5）当系统测试全部结束后，由产品工程部再次组织进行内部鉴定，出具"内部鉴定详细报告"，并对试产准备阶段产生的各类文档进行评审后，决定是否启动试产加工。

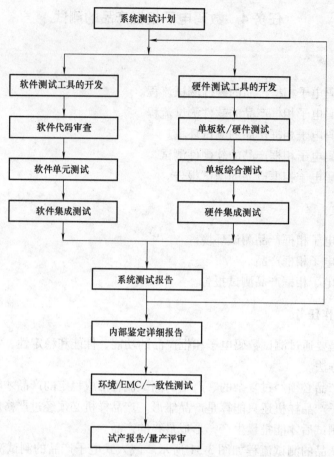

图 3-31　嵌入式电子产品的测试流程

6）对试产加工出来的产品同时开始环境实验、EMC 测试和一致性测试，提交相应的报告。

7）准备量产决策评审所需的资料，与"试产报告"、"系统测试报告"等一起，进入量产决策评审，决定是否对该产品进行批量生产。

 **想一想**

1. 嵌入式电子产品在进行批量生产前要经过哪几个主要环节？

2. 经过测试实现功能的嵌入式电子产品样机，能不能直接发布到市场上？

任务 4-2　数码电子相框产品的简单测试

如前所述，一个好的电子产品要保证软件版本的质量，必须经过严格的测试流程进行负责的测试。数码电子相框产品的软件也是要经过单元测试、集成测试、确认测试、系统测试和软件发布版本测试才能最终形成稳定的软件版本发布到市场上运行。

由于篇幅的限制，这里无法对数码电子相框产品软件一一进行上述几个阶段的模拟测试。下面以"确认测试"这个阶段为例，来进行软件测试的一个简单体验。

在软件确认测试过程中，首先要测试软件的运行的稳定性和强壮性，同时还要测试系统对外接口的访问性能。在这个阶段进行的测试，一般要通过软件测试工具才能达到这个目的。

1. 数码电子相框播放程序的稳定性测试

根据下面的步骤，可以测试数码电子相框播放程序的稳定性。

（1）数码电子相框硬件产品测试线缆连接　将数码电子相框产品通过串口线和网口线连接到调试 PC 上。

（2）数码电子相框硬件产品上电自检　给数码电子相框产品上电，在 PC 上的串口调试终端上观察输出信息。待串口输出信息正常后再执行下面的步骤。

（3）编译数码电子相框播放程序　在调试 PC 上启动 Linux 虚拟机并登录。在 Linux 虚拟机下编译完成数码电子相框播放程序 jpegplay。

（4）Shell 命令数码电子相框测试程序编写　在 PC 上的 Linux 虚拟机下编辑如下 Linux 的 Shell 命令程序 jpegplay. sh。

```
#! /bin/bash
echo - e" \JPEG player program validation test example! \n"
num = 0
      while( $ num < 100 )
          echo-e" \JPEG player program test times $ num\n"
          . /jpegplay
          let num + = 1
      done
```

（5）数码电子相框测试程序下载　通过 TFTP 的方式把 jpegplay、包含多幅图片文件的 pic 子目录、jpegplay. sh 等下载到单板的/mnt 目录下。

（6）数码电子相框测试程序执行　在单板/mnt 目录下直接执行 jpegplay. sh。

通过上面的一些步骤，就可以基本完成数码电子相框播放程序的稳定性测试。上述程序的含义就是通过 Linux 的 Shell 命令来自动执行数码电子相框播放程序 100 遍。这样，通过软件测试工具可以实现软件代码的自动化测试。

2. 数码电子相框 USB 接口性能测试

根据下面的步骤，可以测试数码电子相框 USB 接口的性能。

（1）数码电子相框硬件产品测试线缆连接　将数码电子相框产品实例通过串口线和网口线连接到调试 PC 上。

（2）数码电子相框硬件产品上电自检　给数码电子相框产品上电，在 PC 上的串口调试终端上观察输出信息。待串口输出信息正常后再执行下面的步骤。

（3）数码电子相框 USB 接口性能测试　在单板的串口调试终端上输入如下命令。

```
cd /
mkdir /mnt/usb
insmod /lib/modules/usbcore. ko
insmod /lib/modules/fotg2xx_drv. ko
insmod /lib/modules/usb-storage. ko
mount /dev/sda1/mnt/usb
date;dd if = /dev/zero of = ramdisk. img bs = 1024k count = 200;sync;date
```

这样，就可以根据 ramdisk. img 文件的大小和终端显示出来的时间确定 USB 接口的访问速度了。

3. 数码电子相框 SD 卡接口性能测试

根据下面的步骤,可以测试数码电子相框 SD 卡接口的性能。

(1) 数码电子相框硬件产品测试线缆连接　将数码电子相框产品实例通过串口线和网口线连接到调试 PC 上。

(2) 数码电子相框硬件产品上电自检　给数码电子相框产品上电,在 PC 上的串口调试终端上观察输出信息。待串口输出信息正常后再执行下面的步骤。

(3) 数码电子相框 SD 卡接口性能测试　在单板的串口调试终端上输入如下命令。

```
cd /
mkdir /mnt/sd
insmod /lib/modules/ftsdc010. ko
mount -t vfat /dev/cpesda1/mnt/sd
date;dd if =/dev/zero of = ramdisk. img bs = 1024k count = 200;sync;date
```

这样,就可以根据 ramdisk. img 文件的大小和终端显示出来的时间确定 SD 卡接口的访问速度了。

由于数码电子相框产品的硬件平台和 MP3/MP4 产品的硬件平台类似,所以可以采用MP3/MP4 产品的硬件测试方法对数码电子相框产品的硬件进行测试,在此就不再赘述了。

 做一做

1. 按上述方法,修改程序提示输出信息后,再重新编写 Shell 测试程序,一次性测试数码电子相框播放程序 20 遍。

2. 实际测试 USB 接口的读操作和写操作的访问速度分别是多少?

3. 实际测试 SD 卡接口的读操作和写操作的访问速度分别是多少?

任务 4-3　撰写数码电子相框产品测试报告

产品测试的最终目的是找出产品软硬件设计过程中存在的问题。由于产品测试人员和产品开发人员一般分属于不同的工作团队,为便于测试人员和开发人员之间的信息交流以及进行产品开发和测试经验的总结和积累,在对产品进行软硬件测试时需要将详细的测试结果整理成一定格式的文档进行保存。

软件测试报告参考文档模板目录结构如图 3-32 所示,硬件测试报告参考文档模板目录结构如图 3-33 所示。测试用例的格式见表 3-5。

表 3-5　测试用例的格式

测试用例编号	
测试项目(模块或单元)	
测试子项目(子项目描述)	
测试级别(必测、选测、可测)	
测试条件(环境、仪器等相关要求)	
测试步骤和方法(具体细致的操作方法)	
应达到的指标和预期效果	
备注	

图 3-32   软件测试报告参考文档模板目录结构

图 3-33   硬件测试报告参考文档模板目录结构

不管是软件测试项目还是硬件测试项目，都是由一个一个的测试用例组成。在软件测试报告或者硬件测试报告中，主要记录这样一些测试用例，来反映软硬件产品的质量和存在的问题。

 做一做

1. 按上述方法，根据软件测试的结果，提交一份简单的实际软件测试报告。
2. 按上述方法，根据硬件测试的结果，提交一份简单的实际硬件测试报告。

工作检验和评估

检验项目和参考评分	考 核 内 容
撰写设计方案(15分)	1. 设计参考资料收集的完备性 2. 数码电子相框产品实例硬件工作原理理解的准确性 3. 设计方案文档的质量 4. 数码电子相框产品内部硬件接口工作原理理解的准确性
制作和调试数码电子相框硬件电路(30分)	1. 数码电子相框单板是否调试成功，能否正常播放数码照片文件 2. 硬件单板调试过程的效率和质量 3. 单板运行的稳定程度 4. 解决问题的能力和效率，以及问题的难易程度
数码电子相框软件代码的设计(30分)	1. 数码电子相框软件调试环境是否能正常使用 2. Linux驱动代码是否能按要求修改成功 3. 数码电子相框应用程序代码是否调试成功，运行是否稳定 4. 数码电子相框应用程序软件代码的理解程度，软件流程图的正确性
数码电子相框产品测试(10分)	1. 数码电子相框测试环境是否正常 2. 数码电子相框产品测试过程中发现问题的数量和深度 3. 数码电子相框产品测试报告文档的质量
其他(15分)	1. 考勤情况 2. 工作过程中的创新 3. 工作过程中的纪律性 4. 是否能帮助其他成员解决问题 5. 工作总结报告文档的质量和借鉴性，如调试报告或案例分析报告等
合计	

 思考与练习

1. 判断题

1.1　数码电子相框产品可以用于播放音视频文件。（　　）

1.2　USB从设备和SD卡上的电源都是由主设备来提供。（　　）

1.3　经过测试实现功能的嵌入式电子产品样机，可以直接发布到市场上。（　　）

1.4　SD卡接口中的电源信号接口一般直接连在3.3V电源信号上。（　　）

1.5　Linux驱动程序是属于Linux内核代码的一部分。（　　）

2. 填空题

2.1 USB 接口在硬件上主要包括_____和_____两根信号线。

2.2 SD 卡接口在硬件上主要包括_____、_____、_____和_____四根信号线。

2.3 用户应用程序通过_____来访问 Linux 内核。

2.4 Linux 内核驱动程序主要分为_____和_____等几类。

2.5 Linux 内核在功能上主要分为_____、_____和_____等几层。

2.6 Linux 内核通过_____来访问硬件设备。

2.7 Linux 接口 API 程序的作用是_____。

3. 思考题

3.1 数码电子相框和 MP3/MP4 产品的主要差别是什么?

3.2 Linux 内核驱动程序一般采用什么方式来实现?这样做有什么好处?

3.3 Linux 内核驱动程序主要是实现什么功能?

3.4 嵌入式电子产品在进行批量生产前要经过哪几个主要环节?

3.5 电子产品的软件和硬件测试内容主要包括哪些?主要包括哪些测试步骤?

3.6 Linux 内核驱动模块与应用程序有什么不同?

3.7 嵌入式 Linux 软件启动程序主要实现哪些功能?

3.8 嵌入式 Linux 软件主要包括哪些模块?

参 考 文 献

[1] 曹垣亮. 基于 ARM9/7 的产品化研发实践 [M]. 北京：电子工业出版社，2008.

[2] 马忠梅. ARM 嵌入式处理器结构与应用基础 [M]. 北京：北京航空航天大学出版社，2007.

[3] 贾智平. 嵌入式系统原理与接口技术 [M]. 北京：清华大学出版社，2009.

[4] 刘洪涛. 嵌入式系统技术与设计 [M]. 2 版. 北京：人民邮电出版社，2012.

[5] 范永开. Linux 应用开发技术详解 [M]. 北京：人民邮电出版社，2006.